《跑數狗的跑數日常》

目錄　　　　　　　　　　　　　P.002

作者自序　　　　　　　　　　　P.004

推薦序　　　　　　　　　　　　P.005

## 第一章：跑數狗看世界

01/愛情就是你情我願的交易(?)　P.012

02/只有保險業才有「床單」？　P.021

03/瑪莉歐與孖帽兄弟　　　　　P.027

04/落錯車　　　　　　　　　　P.036

05/倒模人生　　　　　　　　　P.044

06/哪道才是幸福之門？　　　　P.054

07/我想學會虛度時光　　　　　P.063

## 第二章：跑數狗的跑數人生

08/靠1封手寫信賺了10萬　　　P.076

09/坐錯位就掉了50萬　　　　　P.080

10/西客是個大寶藏　　　　　　P.084

11/出生時辰注定財運？　　　　P.090

12/致富機會來臨，你接得住麼？　P.095

13/騙子敗走記　　　　　　　　P.101

# 第三章：人生跑數哲學

14/親手挖金的人VS找到金礦的人　　　P.106

15/學習最重要非老師資歷而是放低自我　P.110

16/9成人捉錯用神的SEO流量遊戲　　　P.115

17/你的人脈策略沒走歪嗎?　　　　　　P.119

18/最輕鬆的賺錢大法　　　　　　　　　P.122

19/創業不肯花錢倒不如回去打工吧　　　P.128

20/有一種福報叫幾何效應　　　　　　　P.134

# 第四章：跑數狗的頓悟語錄

21/有美貌沒罪，不認才是罪過　　　　　P.142

22/最長的路叫捷徑，最短的捷徑叫大道　P.147

23/有消息就是好消息，沒消息才是最壞消息 P.152

24/最浪費心神的事，叫怨恨無能的人　　P.157

25/最易做的事情，偏偏是最難做的　　　P.165

26/叫暫時的最永久 最永久的叫暫時　　P.168

# 後記

跑數狗看(自己的)世界　　　　　　　　P.172

## 作者序：平凡跑數狗的不平凡經歷

坦白講，從來沒想過有朝一日會出書。

亦坦白講，20歲那年，在大學每天打遊戲渡日混日子的我，從來沒想過大學畢業第一份工做保險，從來沒想過有機會月入7位數和打入上流圈子，更從來沒想過有一日會創立跑數狗這個品牌。

我是一名平凡到不能平凡的香港屋村仔。小時候很有「大志」，希望能拿香港綜援金在家打遊戲，賣虛擬道具去賺取收入為生。後來發現打電玩技不如人，綜援金又沒有想像中多，未必是理想選擇，才去認真一點讀書。

考入大學後，從來沒想過做銷售的我卻被「騙」了加入保險業（當時確實以為是做資產管理）。反正被騙了，就順著命運走。沒人脈，就一年工作364天去cold call找客戶；沒人教銷售，就每年狼吞虎嚥地吃下一百多本銷售書自學。

不知是否天道酬勤，正當保險事業發展得尚算可以，在可以輕鬆找被動收入時，卻令我開始反思人生，退休兩年後，決定毅然創業，自討苦吃。一般勵志故事的套路是：跳出舒適圈你就會成功。而現實經歷的創業當然是失敗失敗再失敗。屢敗屢戰下，終於有一些生意漸露生機，現在還在小打小鬧地努力創業。沿途遇上不少好人好事，實在不能盡錄，亦要順道再次感謝為小弟寫推薦序的恩師們及各路好友，亦要多謝每一位支持我的網絡好友，沒有你們也沒有這本書！

本書中的分享，有嬉笑怒罵的、有引人深省的，皆為我走過見過聽過的真實故事，冀能令君一笑，亦有所得著。儘管人生少不了要跑數，但希望這些經歷令大家從不同角度思考人生。誠摯希望你會喜歡這名平凡跑數狗的不平凡經歷。

**跑數狗**

## 推薦序一：感受生活美好

都市人生活節奏急速，為了生活及目標東奔西跑，快節奏的生活讓都市人的身心經常處於緊張及疲憊，很難有時間及空間去享受生活。透過作者的經歷，我們了解到是時候讓自己停一停，放慢腳步。在自己的日程表中留出一些空閒的時間去欣賞當下的美好，無論是美好的自然風景、溫暖的親情、朋友的交流，還是一杯香濃的咖啡、一本好書，都可以讓我們感受生活中的美好。

**時昌迷你倉 時景恒**

## 推薦序二：成為優秀的「跑數狗」

跟「跑數狗」在IG相識，圖片別樹一格，文筆抵死生動，道盡推銷員們的心聲，有笑有淚，怎忍心不點下追蹤鍵？一年下來，執筆時「跑數狗」粉絲數已逾35,000，並由網上走到實體，出版「跑數狗」實體書本，承蒙厚愛，獲邀為此書撰序，不勝感幸。

我素來以身為推銷員而自豪，我在想跑數狗的「狗」應該是一條怎樣的狗？是一條卑躬屈膝、阿諛奉承的舔狗？還是一條目光如炬、自信頑強的獵犬？一切取決於你如何看待自身的專業，因為世上沒有不專業的工作，只有不專業的人。

喜見愈來愈多銷售同業們，紛紛為同業們作出貢獻，無論是在專業技術和知識上的提升，又或是心靈上的激勵鼓舞，均為同業們在行業內的長期發展，提供源源不絕的養份，期待我們都能成為一條條優秀的「跑數狗」。

**暢銷書《爆數──香港人的銷售天書》作者 爆數Tony**

## 推薦序三：帶來啟發與幫助

小友撰文，論及**緩**步生活之重要性，談何為幸福，筆鋒異彩，當為一篇有深度之文章。

今之世，節奏急促，人心煩躁，難以停步思考己生與目標。此快速之生活模式，令人感覺疲倦、焦慮、不安。然，當我們放慢腳步，專注當下，心境漸趨平靜、安定，更能明白自我與天下，建立良好之交往，享受人生之美。

小友之文章，涉及多個場景，有著不同之感觸，有助於減少焦慮，緩步生活。深信此等建議，對於當代之人，尋找真正幸福，有著重大之意義。

最後，謹向小友致以祝賀，感謝其為我們帶來如此有益之文章。期望其能繼續分享自己之體驗與心得，為更多之人帶來啟發和幫助。

**2023年夏月 富昌金融集團主席 郭俊偉**

## 推薦序四：小故事領略大道理

雖然認識跑數狗只有短短數月，但他為人風趣幽默，說話條理分明，禮貌周到，是一位具才華的年輕人。《跑數狗的跑數日常》一書，他透過生動的文筆和逗趣的插畫，分享過去銷售生涯中的點滴，從貼地的故事中分享「跑數」過程的樂與悲。當中感染了不少銷售人員，啟發和鼓勵他們發奮向上。由社交媒體專頁「跑數狗」到集結成《跑數狗的跑數日常》一書，期待此書讓更多讀者從「小故事」中領略「大道理」。

**博愛醫院癸卯年董事局主席、煌府婚宴集團主席及創辦人 陳首銘博士**

## 推薦序五：**絕對是誠意之作**

很榮幸有機會為好友跑數狗（「跑數狗」IG創辦人）的著作撰寫序言。這是他的處女作，當然要鼎力支持！

跑數狗是我認識的好友之中閱讀量最高的人之一，幾乎每次見面都書不離手，隨手拈來也可以輕易分享到各書的核心重點內容，更重要的是他可以做到靈活貫通，將書本上的智慧結合人生經驗、營商心法，以組合拳的方式「打」出來。

相信只要你關注過跑數狗的Page，會輕易地被其中的插圖、故事，以至是人生智慧所吸引。這次書本將會以故事形式去分享大道理，將會是融合了跑數狗多年的營商和人生經驗，絕對是誠意之作。無論你從事哪一個行業，相信此書定必能夠為你帶來莫大的收益，我誠意推介此書！祝一紙風行！

**中原資產管理聯席投資總監、博立聯合創辦人及專欄作家　洪龍荃 Larry**

## 推薦序六：**對銷售有興趣必讀本書**

一個機緣巧合的場合下，我重遇跑數狗，談談近況，原來他已經沒有做保險行業了，現已開了一個銷售教育平台。我當時有點驚訝，因為我在想他在保險行業那麼成功，貿貿然轉行，一定有他的想法和原因。

他跟我分享其想法和原因，問我有沒有興趣和他合作，我說當然有：「能夠有機會和你合作是我的榮幸。」因為我深信他的智慧和能力，然後我們很快就開展了我的銷售分享課堂。如果你對銷售行業有興趣，一定要閱讀此書。

**駿輝地產創辦人 Derek**

## 推薦序七：不容錯過的好書

在商場上，有人天生就能夠成為業務高手，而有些人則需要通過不斷的學習和磨練才能夠取得成功。跑數狗就是這樣一位通過自己的不斷努力和學習取得成功的精英。

跑數狗是一位年輕而成功的作家、社交媒體網紅和保險產品銷售培訓師。他還是一名成功的企業家，投資於一家移民服務公司。此外，他還是香港著名慈善機構博愛醫院的理事。

他的新書是一部充滿啟發性的作品，其中包含許多令人鼓舞的故事，其中大多數是他作為銷售人員的真實經歷。通過書中的故事，跑數狗闡述了作為一名銷售人員的工作生活，從而反映了自己的人生和思想。他寫自己如何贏得生意、如何完成交易，如何從謙卑的開始通過勤奮工作奮鬥，而最終取得成功。

跑數狗的成功經歷和經驗成為了許多人的榜樣，他的故事也激勵了許多人奮發向上。這本新書將為讀者帶來更多的啟發和鼓舞，讓人們更好地理解成功的本質，並激勵他們朝著自己的目標不斷前進。如果您正在尋找一本啟發性的書籍，想要了解如何在商場上取得成功，這本絕對是您不容錯過的好書。我相信，在讀完這本書之後，您一定會對自己的未來充滿信心，並有更多的啟發和靈感。我謹以至誠向各位推薦！

**嚴啟明博士**

## 推薦序八：絕對落到地

多謝跑數狗的教導，他的課堂精彩無廢話，所有事情都是他曾經經歷過一次，絕對落到地。作為一個經理，我十分推薦我的同事全部都去上他的課堂。

**年金達人&跑數狗學院學員　Jay Lam**

## 推薦序九：營銷模式非常獨特

　　跑數狗是我認識的朋友中，腦轉數速度最快之一。他總是擁有許多創意點子，但同時又很落地。他創辦了《跑數狗》，透過原創內容和插畫的方式，以故事的形式分享商業知識。這種內容營銷模式非常獨特，很值得參巧但又難以模仿，因為缺一點創意或執行力都不可。

**網路行銷玩家創辦人　阿石**

## 推薦序十：啟發思考

　　很榮幸能為跑數狗撰寫序言。大家同為保險界的其中一員，各自擔當過不同的角色，亦都接觸過不同的客戶及群體，聽到不同的人生故事及經歷。在書中，跑數狗除了講及他的故事，更與讀者分享他在前線事業中遇到的人生百態及從中得到的啟發。通過這些故事，跑數狗帶領讀者深入了解人與人之間的關係和相互作用，啟發思考。這本書絕對能夠帶給大家一個新的角度去思考人生，並帶領大家深思何謂真正的成功和幸福。

**PortfoPlus始創人　Colin Wong**

## 推薦序十一：滿滿的生活智慧

　　「跑數狗」做過銷售、經營過不同生意，年紀輕輕看盡人生百態，實屬難得。其同名IG專頁有海量粉絲，我有幸亦為其中之一。專頁分享有關銷售時遇到的各種難題及爆數貼士，是保險從業員等前線銷售人員必備的精神食糧。喜見其出刊實體書，以為一定又是爆數心得，想不到滿滿是生活智慧，讓我們反思「跑數」及追求更多財富與幸福人生的關係。

**Sun Channel 節目主持人　Lorey Chan**

# 第一章：
## 跑數狗看世界

萬千世界，最教人樂極忘返、

傷心欲絕、牽腸掛肚、

記掛一生的叫做「情」。

# *Case01.*
# 愛情就是
# 你情我願的交易(?)

講起 Joanna，她的人生算是個傳奇，才 18 歲就在網上交友，交到個金髮碧眼的美國人，在網上來往一年後，她用打工儲來的錢買了一張單程機票就到美國赴見愛郎，再過一年，已經決定好婚期，還是通過電郵通知家人吉日。如果是現在，這些事不算稀奇。但這些事跡卻是發生在 90 年代。由她隻身赴美開始，已經和家人吵個翻天，要不是後來帶「美國佬」回港相勸，並答允會在港補辦婚宴及大排延席的話，或許她的婚禮除了她就不會有其他亞洲面孔出現。

　　跟我談起這些往事的Joanna當時45歲，經朋友介紹我們認識，她暫時定居香港，想找一些投資產品，所以找上我幫忙。沒錯，當年愛得轟轟烈烈的「美國佬」，在六、七年前開始出軌多次，Joanna忍到不能再忍，決定離婚，諷刺的是當時的離婚文件，也是用電郵搞定的。

　　離婚後她在美國自己闖蕩數年後才回到香港，但都離婚多年了，家人親戚賞給她的白眼、冷言冷語仍少不了，她的家人是傳統的客家人，對Joanna的婚姻本來就不看好，結果還真離婚了，硬頸的家人不願安慰，更硬頸的Joanna也不願示弱，這次回來香港也沒有跟家人同住。

## 改變命運的酒局

　　用「烈女」來形容Joanna絕對不為過，除了性格烈，Joanna的打扮也很烈，總是全黑的配搭，黑色長西裝外套搭皮裙長靴，大紅色口紅，再配俐落短髮。雖然她身型略為發福，臉上不難看見歲月的痕跡，但渾身散發女強人的氣質。但坦白講，叔叔覺得大部分香港男生都未必受得住Joanna的氣場，實在是太強大了。但當朋友絕對沒問題，她的個性爽朗大方，主動健談，喝啤酒時速度比我更快…和她談天說地實在有趣，所以除了聊保單外，不時都會約在酒吧聚頭，但想不到這些快樂的時光，很快便變了質…

　　可不要想歪了，叔叔現在仍是**毒男(宅男)**一名。事緣有

次我帶著新入行的明仔見客，剛簽好單，就收到Joanna的酒局邀約。經過一天奔波，我剛好也想來一杯，便順道問明仔要不要加入，明仔才20出頭，還是喜歡玩的年紀，沒多想就跟了過來。

甫坐下，我便叫明仔喊Joanna「姐姐」，Joanna大笑幾聲說：「叫Auntie啦，我都能當他的媽媽了！」雖然口邊這樣說，但Joanna還是很受落，終究還是個女人嘛！

幾杯酒下肚，所謂的Generation Gap都被稀釋掉，三個人話題東拉西扯，盡興得很。在酒吧門外跟Joanna告別後，她便駕著她的紅色Benz揚長而去。在地鐵上，跟明仔聊起Joanna的身世，明仔覺得Joanna非常有型，說著說著，明仔說自己去中日韓旅行次數多了，都很想去美國見識看看。那倒是，叔叔不少港女朋友都很憧憬從美國回流的ABC (American Born Chinese)，為的都是一張「綠卡」，輕鬆取得移民美國的資格；過去以後，很多對過幾年就離婚，過橋抽板。

### 誤促孽緣(?)

　　事後回想起地鐵這一幕，我其實真的很希望自己沒有說過那段話。再回想得仔細一點，我說畢「有些港女鍾愛ABC」這句後，明仔當時沒有回話，似是若有所思。我還以為他醉意上頭。但現在想來，我的一句無心說話，卻掀起了之後的一場暗湧。

　　一個月後再見Joanna又是另一場酒局，這天我剛好沒什麼事，所以電話一到，不消半小時我已經到達酒吧，但一看到Joanna旁邊的明仔，我先是呆了一呆，再問：「嘩！你兩個這麼熟絡啦？喝了多少Round？」「還沒有多少Round，他已經快不行了，哈哈！」Joanna看了看明仔說。明仔雙頰通紅，嘴中嘀咕著什麼，Joanna把耳朵哄到他的嘴邊，聽了幾秒即大笑起上來，小打小鬧般輕推了明仔的胸脯一下，明仔就傻笑般看著Joanna，眼神帶著少許意亂情迷。這刻我深感不妙，這種互動豈是阿姨跟姪子，簡直是一對熱戀中的情侶！

愛情就是你情我願的交易？

　　我渾身打一個寒顫，馬上叫了一杯Negroni暖身兼定驚。沒過多久，明仔已經不省人事，這刻我才敢問Joanna，到底他們之間發生了什麼事。「也沒發生什麼事啊，上次喝酒我有給他我的名片，之後他一直都有跟我WhatsApp，也有再約出來喝數次酒，就這樣吧！」

　　我跟Joanna算是老友了，也不轉彎抹角：「你們⋯不會是搞上了吧 ？」「還沒！不過他說一直很嚮往美國，想跟我去美國見識一下，開開眼界。」我頓時語塞，看來上次地鐵一席話「啟發」了明仔的美國夢⋯當我再想開口時，明仔已經醒過來，又再跟Joanna互送秋波，我再也看不下去，喝完這Shot就動身告辭。

　　事後我有問明仔的說法，他卻說只是當Joanna是好朋友，他又想去美國旅行，就拜託Joanna帶他去見識見識而已，他還說Joanna「好人」得很，連半年後的機票都為他訂好，還開玩笑說他要肉償才可以還得清機票錢。想不到這個明仔，看似是個社會新鮮人，實際厚面皮得很，我反

覺得這一點需要向他學習一下。

## 是真愛還是交易？

　　如是者，我再出席了兩三次Joanna邀約的酒局，每次我都像個大燈泡，看著他們愈來愈親密，到後來更借著酒意在我面前熱吻起來。看來該做的，他們都做了。但清官難審家庭事，人家親熱又關你屁事？本著這個想法，我都一直忍著不去評論任何事情，這個年代，愛情無分年齡、性別，想說他們開心就好。

　　我私下曾再三問明仔，真的喜歡Joanna嗎？ 明仔依然裝出看似天真的臉說：「我不知道呢！但好感能隨時間增長，循環幾次就成了愛情。我可是很認真的跟她交往。」

　　直到接近他們去美國前，在歡送的酒局中，明仔大肆暢飲，醉得不省人事。上一秒還在跟明仔嘻嘻哈哈的Joanna，這一秒卻已經沉穩下來，俐落點起一根煙，空洞地看著前方，吞雲吐霧。

「你覺得我很傻，對吧！」她緩緩道出一句。

「什麼意思？」

「你肯定心想，為什麼Joanna會跟一個能當她兒子的黃毛小子胡混。」

「你肯定心想，Joanna是不是老糊塗了，看不出來這小子貪圖的是妳的綠卡嗎？」

「你肯定心想，我是不是瘋了？」

原來Joanna都心知肚明，她當然知道自己不再青春，保養也做得一般。唯一過人之處，就是不愁錢，也有一張「綠卡」，她知道明仔對她不是真心真意。但來到她這個年紀，其實也只是想找個伴，那年18，她還有心有力，不惜越洋過海追逐愛情，結果粉身碎骨，靈魂都似是碎成多片，遺留在那片太平洋裡。來到四十不惑與五十知命之間，她要的

愛情就是你情我願的交易？

只是無憂無慮，明天的事明天再說。

「你就讓我裝睡吧，我還得謝謝你，把他帶到我身邊。」煙霧皆盡，我心中的顧慮一掃而空。

或者我是不忍看著Joanna受傷，才會不齒明仔的做法。但看來是我太小看她了，她的敢愛敢恨，沒有隨年華老去而消失。或許一般人眼中，愛情若像一場交易，就失去意義，說不上愛情。但誰說了算呢？當然是局中之人說了算。

# *Case02.*
# 只有保險業才有「床單」？

**說**起保險業，很多人馬上聯想到的就是「床單」，覺得做這一行都需要「呃呃氹氹」，甚至付出肉體，才可以拿到各種業績及大獎。不能否認，的確有些人喜歡走後門，但還是有很多人靠真材實料。老實說，會作出這樣選擇的人，不管他是否從事保險，他還是會以這種方式來上位過生活。這個故事，正是由一位做律師的好友曾 Sir 分享。

他並非大家在電影中看到的大律師，要為各種案件伸張正義，他是位商業律師，像個生意人一樣，各種酒局應酬，隨時比起從事保險業的人更多，陪客戶喝酒抽雪茄不在話下，他更曾經試過被安排坐在一堆美女之中，客戶要求他必須帶走兩個，當天的酒局才算是圓滿。他知道諸多推搪，只會惹客戶不高興，便識趣地，隨便挑了兩個小姐，還裝得興致勃勃地離開。若果在座是男性，肯定覺得很正點，做律師高薪厚職，又不時有這種艷遇，人生夫復何求？

　　的確，在商業世界這個大染缸中，不少富豪或是職場中人，都會把錢花在酒色財氣身上。曾Sir當天晚上剛踏出會所不久，便在兩個女生的手袋中，各塞了五百元讓她們乘計程車回家，之後自己也叫車回家了。

　　大家可不要想歪，他不是同性戀，也不是性冷感，只因他有女友了，曾Sir是有名的痴情種，雖然和她的前途未明，但他有自覺需要明哲保身，否則戀情泡湯，傷心的也只有自己。不過有時「是福不是禍，是禍躲不過」，還是有失手的時候。

## 做生不如做熟

　　他身處的事務所最近半年急速擴張，需要聘請幾個新助理應對，所以辦公室多了幾張新面孔，其中一位叫做Julia，是其中一位助理的學姐，做生不如做熟嘛！

　　她長著一張大眾臉，留著一把中長髮，眼睛是老外最喜歡的典型單眼皮及鳳眼，配著一對豐唇，活像個中國娃娃。

曾Sir跟她沒有緊密的工作關係，只是偶然在公司聚餐幾次，說不上熟絡。在一次事務所的宴會中，宴請了不少熟客及關係戶，一晚應酬過後，眾人幫手收拾一下，就各自散去。

　　大家因喝了酒不便開車，有些女士比較幸福，老公負責接送，有些則早已叫車，人群逐漸散去，最後只剩下曾Sir和Julia仍在等車。

　　為免場面尷尬，兩人開始有一搭沒一搭的閒聊著，曾Sir無聊地拿出一根雪茄來抽，由於他身高有差不多六呎左右，而Julia只到他的胸口，雪茄噴出來的煙都落在Julia的頭上，曾Sir見狀馬上陪著不是，Julia也沒有介意，笑笑地撥去眼前的煙霧，繼續與他閒談著。

　　但她的聲音好像愈來愈小聲，讓曾Sir不得不彎下腰，聽清楚對方在說什麼。才剛感受到Julia呼吸的氣息時，下一秒就發生讓我戲稱為「宇宙大爆炸」的名場面。

據被告曾Sir複述，在0.5秒間，感到一雙嘴唇貼到自己的嘴上，他下意識擺擺頭時，那雙嘴唇沒有放棄，瞬間就吻到他的耳邊，並以恰到好處的力度輕咬他的耳朵一下。就在下一秒，他下意識抬起頭，整個人重新站直了，不知是否天公造美，計程車來了，Julia看著他的眼神不再單純，他使出應酬時常用的裝傻技巧，留下一句：「學姐，你喝醉了，不要跟我開玩笑啦！小心回家！」隨即上車，關上車門後，還不忘叫司機開快一點，生怕Julia會跟蹤他似的。

以上就是犯人曾Sir的證供。聽到這裡，我真的不禁拍掌叫好。為何如此精彩的戲碼，從來沒有發生在我身上？

「送上門也不吃，罪大惡極！我判你罪名成立！」我忍不住哈哈大笑起來。這時曾Sir瞪了我一眼，看來他一點也不享受這飛來艷福。他繼續講起下文：

## 走後門的人
第二天在辦公室再遇Julia，她就像「斷片」般若無其

事。正當曾Sir以為昨晚的鬧劇只是酒精作怪時，當天回家後，就收到Julia的性感自拍，穿著貼身的露肩短裙，老實說她的身材一般，但還是硬擠出一條「事業線」，擺了個撩人的姿勢，這時他就知道昨晚的事千真萬確。

他唯有裝作看不見那張照片，半冷淡的回應著，畢竟每天都要見面，把氣氛搞僵也是不太好。後來Julia更是當面約他去喝酒，當然他也是沒去。再後來一次員工聚會，大家喝上頭了，Julia忽然單刀直入地問：「為什麼總是拒絕我呢？」曾Sir自知裝傻這招已經沒用，就索性說自己有女朋友了。

「我知道啊，逢場作戲，沒什麼大不了啊。」

「你想逢場作戲，但我沒這個意思啊。」

「男人怎麼會沒這個意思，我可不指望我踏踏實實的當個小助理，有一天就能變大律師，不爬上幾張床，怎可能上

位，這一行不是都這樣幹的嗎？」

　　曾Sir說起當初聽到這句時，反應跟我一樣，也是呆了。他一向專情，從不過問行內的男女關係，有人講他就聽，但不曾思考這些男女關係背後竟有這樣的潛規則。後來Julia也少了糾纏曾Sir，但不久又來了一個剛畢業的大學生當他的秘書，第一天交下文件後，就問曾Sir需不需要按摩…還會大半夜叫曾Sir需多休息，不然會生病云云，怪裡怪氣的，讓他渾身不自在。他更開始懷疑到底這些所謂「潛規則」是學校有教嗎（當然是開玩笑)？

　　早知道我就多讀點書當個律師，原來是如此艷福無邊！哈哈…但正如我文首所言，想走後門的人，不論從事哪個行業，都依然會選擇走後門，這個Juicy的故事沒有什麼大道理，只想輕輕抹走大家對「床單」只會發生在保險業的刻板印象而已。就我觀察而言，靠努力跑數的人還是居多，看到別人的成功與付出，有時給予一句肯定也不難嘛，又何用想得如此複雜，甚至否定呢？

# Case03.
# 瑪利歐與孖帽兄弟

這件事是發生了一個月後我才聽聞的，事件的女主角，跟我有過短暫的合作關係，合作結束後也沒聯絡了。忽然會收到她的消息，是因為她跑路了，消息漸漸傳開，才傳到我這邊。我聽到的這個版本，已是結集多方資訊而成，算是完整…為了令標題可以「食字」，我們稱呼她做 Mary 吧！生意人經營不善，欠債累累後「爆煲」跑路的情況屢見不鮮，但一個小女生要跑路，就算是較新奇。於是我好奇問起詳情，一聽之下，重新刷新了我的三觀！

　　Mary是從事公關出身的，待過不少國際名牌，接待過不少大人物，所以待人接物、觀言察色十分了得，腦筋靈活。當初跟她合作，都是想借她的交際手腕幫助協調一些關係。現在才說對她的感覺，可能有點「馬後炮」。雖然合作時間不長，但每次跟她接觸，我都會覺得有點不舒服。

## 超完美小姐

我盡量形容一下這種感覺，你會覺得她太「完美」了，能夠說盡所有你想聽的話，每個微笑跟肢體語言都完美到位，讓你不自覺地覺得她很可信、真誠，但我當時就是覺得不太舒服，對了，我覺得她欠缺「人味」，彷彿一切都是訓練有素的成果，活像一個極高完成度的AI機械人般，感覺扯下她的皮膚，下面會是佈滿密密麻麻的電線似的。

當然我也沒能說什麼，畢竟交給她的任務都完美完成。還記得結束合作後，當時另一個合作伙伴Francis還跟我說如果Mary做他女朋友，一定會很幸福：Mary樣子甜美，大方得體，辦事能力強云云。我當然沒有說出心底話，妨礙別人大發春夢可是會遭殃的。而事實證明，我當時的直覺精準得可怕。

說回Mary跑路的緣由，卻不是為了錢，而是為了情。不不不，也算是為了錢。剪不斷理還亂，我還是把事件複述一遍，讓大家自行判斷。

瑪利歐與孖帽兄弟

　　Mary去年被分手了，還是老掉牙的原因：被出軌。一向愛情事業兩得意的Mary，她的「完美」一面破了一個口，不再完美。她頹廢得連事業也不太理會，每天就在交友App上左滑右滑，不然就是拉上閨蜜到打卡Cafe，拍下無數照片，放到交友App上，打造另一個完美的自己。Mary外在條件本就已不錯了，加上精心經營，很快便收穫一堆裙下之臣。有些條件好的，有約出來見面；條件較差的，則是充當「Chit Chat兵」，用來打發時間。

　　有幸被Mary約出來見面的，無不被她的言談舉止和甜言蜜語迷倒。我也是男人，我也明白，要知道港女出名獨立，相對其他亞洲國家的女生也強勢一點，辦起事上來，很多時比男生更幹練精明，有時令叔叔都感到佩服萬分。因此，不少港男在港女面前，氣焰就被壓下去。正所謂「她大聲時你小聲，她再大聲你收聲。」這種相處態度拉長來說，也是一種浪漫。但包括叔叔在內，都是膚淺的雄性動物，得到一句稱讚，就足以爽翻天，再沾沾自喜大半天。Mary又怎會不

深明此道，她讓每個「兵仔」都感到自己是世界第一，天上有，地下無，有不少更將Mary視為會走過終生的對象般看待。

## 由娘娘變騙子

Mary對這種生活卻毫無危機感，更是沉迷得不亦樂乎，愛情回來了，甚至多得可以淹沒她。她又重新想回復女強人身份，但要營運一間新公司，當然要錢，她就向各位「準老公」撒嬌，叫他們打本給準老婆做點小生意。Mary沒有「獅子開大口」，向每人索取的金額只是兩三萬，不過積少成多，誰知道Mary共有多少個準老公？

前面提到，準老公們都把她視為結婚對象，結婚前當然須要見家長，Mary總不能每天帶不同的男生回家，就謊稱家人早已移民，只剩她自己在港。但對方的家長可是急不及待與兒媳婦會面，Mary也是難以多次推搪，但新公司的辦公室剛租好，員工也開始工作，正值需要投放資金的時期，騎虎難下，唯有硬著頭皮繼續，過一天算一天。

瑪利歐與孖帽兄弟

　　某個周末，Mary早上要到茶樓與「準老公」Vincent的家人飲早茶。Mary敬業樂業地把「未來老爺奶奶」哄得貼貼服服。這時Vincent指著前方說：「我哥哥終於到了！」

　　Mary順住Vincent指的方向看去，與迎面走來的Jason對上了眼，兩人的臉色瞬間沉了下來。

　　Jason裝作冷靜地說：「弟弟，這是你的女朋友？」

　　「對啊，不早就跟你說今天我會帶女朋友來嗎？你還沒睡醒嗎？」可憐的Vincent後知後覺。

　　「八婆，哪你是我的誰？！」Jason抑制不住心中的怒火，大罵一聲。

　　兩老被嚇得目瞪口呆，一時還沒能反應，更留意不到茶樓的食客紛紛揮手叫待應多加兩盤花生。

　　「你不是說愛我，想跟我結婚，還跟我規劃未來，叫我

打本給你做生意，等生意上軌道就可以安心生小孩，這一切都是假的嗎！？」Jason雙眼佈滿血絲，滿臉通紅。

「Mary，你認識我哥哥嗎？他在說什麼？你不是才跟我拿5萬做生意嗎？你應該是想跟我結婚才對的，不是嗎？」Vincent像是接受不了，語無倫次。

Mary起初都不作一聲，忽然大哭起來。

「賤人，不要在裝慘，你給我出來！」Jason想一把扯起Mary，Vincent還下意識地站起來打開雙手護花。

「弟弟，你是不是犯傻了！這個女人給我們互相戴了頂綠帽，你還護著她！」

這時Vincent才恍然大悟，像是洩了氣的氣球般跌坐回椅子上。

最後，要不是茶客們幫忙阻止，Jason可能不止被騙財

騙感情，還可能得背上一條傷人罪。

## 打不下手的「姦夫」

以上一切都是Jason後來放上FB以及一些交友程式群組中，用來警醒其他潛在的受害者，當然少不了一大堆證據，例如：親密對話、一生一世的承諾、過數紀錄等等，更少不了Mary各個角度的大頭照。朋友給我看過那些貼文，除非她去韓國換頭，否則真的很難翻身，難怪要跑路了。

聽畢後，我的其中一個感受就是「智能叛變」，再完美的機械人，還是有失靈的時候。

我再問朋友為什麼會這麼離奇，兩兄弟喜歡上同一個人都不知道。朋友才補充Jason指自己是獨居的，平常較少跟家人更新感情狀況，跟弟弟感情一般，沒追蹤他的IG，所以才有如此慘劇發生。

我也不敢想像，如果我是這對「孖帽兄弟」之一，該如何排解以及再面對彼此。再回頭想Mary在茶樓的嚎啕大哭，

會不會不是因為愧疚，而是因為她辛苦建立的「完美」再次粉碎，所以她才哭呢？這一切當然無從考究，只是以我對Mary的了解作出的揣測而已。

　　對於男人來說，有什麼比戴綠帽更慘？當然是戴了兩頂！頭頂那綠光，在深夜裡行走都差點被誤認成幽浮出沒，還不夠慘嗎？還不夠慘！假如知道是姦夫是誰，還可以決鬥一番，就算打不贏也算是有個痛快。但如果，派綠帽給你的，是你的親生兄弟，同時你們也一起失戀了，你又打得下去嗎？

# Case04.
# 落錯車

好友 Candy 和 Leo 是我的中學同學。Leo 是個運動健將，平時不拘小節，好動外向；Candy 讀文科，大眼睛配上巴掌臉，溫文爾雅。兩人在中學聯誼活動認識，成為中學時期公認的金童玉女，一剛一柔很是登對，後來升讀同一間大學。畢業後繼續恩愛如初，知道我畢業後做起保險業務，這對小情侶約我吃飯，說計劃 30 歲前結婚，想一齊買一份儲蓄產品，還記得他們想要把這筆錢用作教育基金。要知道，當時大家都是剛畢業不久，一般的年輕人對結婚二字都未有想法，他們就已經連生小孩這一步都規劃好了，我當時既妒忌又羨慕。

他們再問到兩個人聯名供款，跟個人供款有什麼分別，我就說：「聯名供款，優惠多一點，因為要供的金額也相對多一點；有些情侶財政上喜歡獨立一點，個人供款就比較彈性，就算出了狀況，也不會對彼此有影響…」他們當然也聽明白我的弦外之音，「出狀況」指的就是分手，他們交換過一個堅定

的眼神，最後選擇聯名供款，當下，我好像見證住兩人立下山盟海誓般，內心已經很期待他日出席他們的婚禮。

## 羨煞旁人的愛侶

這份保單的確連續供了好幾年，從不間斷。每次約Leo出來踢球，Candy都會來做啦啦隊，更會備好冰涼可樂請大家喝，我們一群男人都慣稱Candy做「阿嫂」，Candy每次都被逗得很開心。其實哪有女孩子喜歡跟一群滿身汗臭的「麻甩佬」混在一起，她更會跟我們去吃打冷、喝啤酒。但看得出來Leo覺得非常有面子，亦更加疼錫Candy。

這樣的時光過得飛快，我們都來到快30歲了，最近發現這兩三次的球局，都不見「阿嫂」的蹤影。一群男人，平常講講屁話，嘻嘻哈哈倒是簡單，要問起這些敏感的話題，大家倒是提不起勇氣。後來有人還是忍不住問：「為什麼最近都沒看見Candy啊？」忽然更衣室變得一片寂靜，大家屏氣凝神等待Leo回答。

Leo忽然成為大家的焦點，呆了呆，微微低頭說：「因

為…她在忙結婚的事情…」下一秒，粗口四起，大家都被嚇死了，不禁一邊問候著Leo全家，一邊恭喜他快要做「老襯」。不久後他們就宣布一年後結婚，再約踢波時，一對準新人一起來派紅色炸彈，接過一刻，我的內心真的無比激動，一來看著他們一對璧人走到現在，什麼七年之癢都無法阻擋他們；二來他們也是我的客戶之中，頭幾對結婚的，意義重大。

猶記得婚禮前一晚，我還特地買了個日式的利是封，精美得很，還買了配好顏色的信紙，寫著深情的長文去祝福這對新人。旁邊的電話，還不停傳來球友群組的信息，正在熱烈討論著明天要Leo喝完多少支酒才準許他去洞房，我笑著搖搖頭就放下電話專注寫信。寫畢當下，發現電話的震動也停了，我心想這群無恥之徒怎麼變得如此老實。

拿起電話一看，最後一個訊息是由Candy發出。

「對不起，我和Leo明天的婚禮將會取消。」

## 消失的婚禮與新郎

之後，這個群組不再有人敢說話，當然，私底下大家都議論紛紛。接下來3個月，都沒有人能聯絡Leo，也沒有人敢找Candy。直到一天，Leo發了訊息找我，說想我幫忙處理一下他們一起供的那張保單，以及拜託我約Candy出來，代他看一下Candy的狀態如何。

我忍不住問：「兄弟，到底發生什麼事了？」

「你先幫我的忙，我之後再跟你解釋。」

隔了幾個月不見，本來已經嬌小的Candy變得更消瘦，面色還帶點蒼白。我們都好像預先說好似的，沒有人提起「那件事」，Candy亦表現得很硬朗，像什麼事都沒有發生過似的，但看得出來，她只是在死撐著。因為當她聽到，Leo把他儲蓄的供款都全留給她時，她就再也按捺不住，在Cafe啜泣起來。

「誰稀罕你的錢？！你當我是什麼啊？！」

我當下也很痛心，同時大抵明白他們不歡而散的主因一定是出自Leo身上。後來，Leo每個月都透過我去了解Candy的近況如何。直到有次跟他約出來見面，他終於交代了整件事。

原來在求婚後不久，他就開始感到後悔。他跟Candy識於微時，沒有見識過外面花花世界，他問自己，是不是真的想跟Candy過完一生？十幾年的感情有時候比水更淡。正好當時有位女同事入職他的公司，兩人一見如故，無話不談，由上班談到下班，最後談到床上去，令他更覺得自己不能夠跟Candy結婚，最後悔婚。

聽完當下，我忍不住拍了一下桌子說：「哇！你這個人也挺厲害的嘛！每個月在關心Candy過得怎麼樣，她好又如何，不好又如何？她過得好，你的良心就自我感覺良好嗎？過得不好，你又能夠補償嗎？還是你覺得你留給她錢就是補償？她用了10多年青春視你為真愛，你呢？！」

Leo無從反駁，當晚大家喝完手上那杯就分道揚鑣。

## 落錯車

再過了幾年，我和Candy還有保持聯絡，不知道她仍愛著Leo還是怎樣，只是這些年一直都沒有再談戀愛，我試過充當媒人，介紹一些才俊給她認識，她都會笑著婉拒，說我很老土。

那年多天，Candy早已退群的球友群組不知為何再度活躍起來，還說約出來一起吃羊腩煲。這次也是我和Leo鬧翻後(可算是鬧翻？)第一次見面，一開頭還帶點生疏，兩支「藍妹」啤酒到肚後，大家又開始談天說地，交換近況。Leo說他還跟那位同事在一起，還有結婚的打算，來到同一個似曾相識的時刻，他說：「我覺得我跟Jenny好像不太合得來，我有時候還會想起Candy…」

當下我已經不想跟他再講下去，我說：「說起Candy，聽說她跟現任男友過得很好！」並不是叔叔我說謊，剛好

Candy就在不久前在IG 貼出與新男友的合照，她臉上幸福的笑容，就好像當年到球場打氣時般甜美。

「哦…是嗎…」Leo將手上的啤酒一飲而盡。

鄭秀文有首歌叫《落錯車》，完完全全就是他們的故事。

「落錯車，如離開了幸福的高速路，誰又保證我明天將更好？」

無論看過多少愛情電影，多少談情說愛的文章，人類總是要犯重複的錯誤，總要錯過之後，才會感受到當初的美好。如果你看完這個故事，心中浮現出某一個人的樣子，會不會代表你也已經犯過同樣的錯誤呢？

(Candy被分手後的故事，在IG上仍有後續，有興趣可以到IG看「乜感情可以好似搬屋咁，話搬就搬？」)

# *Case05.*
# 倒模人生

**坦**白說我跟家裡的親戚們都不太熟，總覺得話不投機，唯獨是表妹，可能因為她跟我都是家中的獨生子女，大家又在同一個屋邨長大，剛好互相依靠。

或許是受單親家庭的影響，表妹從小個性就很倔強，更會逞強；也可能因為她沒有爸爸，所以就需要在其他方面補足。她天資聰敏，讀書成績好，但好勝心很強，不是爭做第一名，就是爭做班長。不過終究算是良性競爭，姑媽也沒有干預太多。

說起姑媽，她也是個可憐人，當年姑丈生意失敗，欠下一屁股債，姑媽不離不棄，後來債還清了，卻發現姑丈出軌，拋妻棄女，姑媽只好母兼父職，一個人打著兩三份工維持家計，她很疼愛表妹，自己就算要少吃一餐，都要把錢省下來給表妹買些漂亮的衣裳，她常說，女孩子就該活得像個公主。

表妹怎會不懂母親對她的好，所以每次她都拿著名列前茅的成績表回家，令姑媽總是笑不攏嘴，常在親戚面前提及表妹有多聰明懂事。

表妹這種競爭心態由小學來到中學也從未變改，但競爭的事物卻變了質，由競爭名次演變成競爭誰先交男朋友、誰更受同學歡迎等等。為什麼我會知道？不就是被表妹威脅要充當她的男朋友！本想拒絕，但想想，由我來扮演總比表妹找些來路不明的男生更好，起初也不用做什麼，只需在表妹放學時，在門口接她就好。但後來更升級成要扮送花、扮送禮物等等。有一次我忍不住說：「你又何苦呢，別人交男朋友是別人的事，你只是還未遇到對的人而已，你才十來歲，心急什麼呢？」

## 風雲人物爭奪戰

「那個Sandy實在太討厭了，總以校花的姿態逛來逛去，一堆不識貨的男孩子總像蒼蠅般圍著她轉！」表妹不屑地看向校門附近的一個女孩，相信她就是Sandy吧！身邊的

確有著不少男孩子在爭奪護送Sandy回家的機會。

「喂！你幹嘛盯著她，你不是也覺得她漂亮吧！不許看！」表妹馬上跳起來試圖用雙手矇上我的雙眼。

「Jenny，你還沒走嗎？這是你男朋友？」這時Sandy一臉笑意地走了過來打招呼。

「對呀，這是我男朋友，來接我放學！」表妹馬上得意地挽著我的手臂。

「我本來還想跟你一起回家，因為我想擺脫後面那群人。但你男朋友來到，我就不打擾你們啦！」Sandy說完就笑了笑，轉頭離開。

「看不看到！她刻意過來炫耀她的那群觀音兵！」

「呃…在我看來，她是真心想擺脫那群人呢。還有，人

家對你很友善啊！」

　　「表哥，我對你非常失望，想不到你也中了她的計！」表妹說罷就大步向前走，我沒好氣地跟在她後面走。

　　不知道天意是否弄人，表妹後來跟Sandy升讀同一所大學，還要一起讀中文系，但奇怪的是，兩人卻變了好閨蜜似的，出雙入對，甚至帶過Sandy來我們家吃過幾次飯。正當我以為表妹早已放棄「競賽」時，有一晚她卻在Sandy離開我家後，數著Sandy的不是：「要不是我想證明我比她強，我才不會讀中文系！又悶又多功課！」

　　我大吃一驚，「什麼，你為了贏她所以才讀中文系？天啊！我看Sandy根本沒想要跟你競爭吧？」但倔強如表妹，自然有她的一套說法。

## 惡夢的開始

　　時間推移到兩人畢業後各自在不同學校當中文老師，

但不改「好閨蜜」的模樣。不久後Sandy覓得如意郎君，是在實習時認識的同齡人，更邀約表妹充當伴娘。我本以為，來到這個年紀，表妹應該也想通了，殊不知這才是惡夢的開始。

在Sandy結婚後不久，表妹竟然宣佈要閃婚，對象就是她上班學校的老師。我當時也沒多想，高興也來不及，以為只是表妹一直把這個男朋友藏得好而已，那日看著姑媽開心的神情，我也很感動。

但去到後來的後來，我才知道，表妹跟這個前夫，由認識到結婚，也不過兩個多月的事。

沒錯，是前夫，事緣在表妹結婚後不到一年，一個深夜，表妹就哭著致電給我。「表哥，你可不可以來接我？」

在她家附近接到表妹後，哭紅的左臉上明顯有被打過的瘀傷。「那個衰人，他打你了？！」我氣得馬上想衝到她家

找那個男人算帳。表妹馬上拉著我：「不要！我不想把事情搞大，帶我回家！」

把表妹安置在我的睡房後，我在客廳徹夜難眠，第二天一早，還是忍不住致電給姑媽。

姑媽看見熟睡的表妹臉上紅腫了一塊，手也抖了，忍不住哭起來，驚醒了表妹。表妹馬上起床扶著母親。「你為什麼把我媽叫來！」、「你怎能怪你表哥！你出了這麼大的事，都不打算告訴媽媽嗎？！」兩個人頓時哭成淚人。

想也想到，表妹的婚姻，也是緊隨著Sandy的腳步而促成，她對前夫極其量只是有好感，也說不上很喜歡，只是前夫追求她時對她很好，她就覺得是時候嫁了。想不到對方結婚後變了個人，不止對表妹大呼小叫，還使用暴力…

## 追逐別人的人生

離婚後表妹亦離開原本的學校，她也跟著變了個人似

的，像是失去了靈魂。但上天未有給她時間回復，姑媽就傳出病重的消息，早年的捱苦，積勞成疾，有天在街上昏了過去。老一輩通常諱疾忌醫，在我們趕到醫院了解時，才知道她的心臟病已經十分嚴重。

「媽！你怎麼可以不跟我說你生病了？」表妹緊捉著姑媽的手，哭得上氣不接下氣。

「我這副老骨頭，醫上來也是浪費錢。」姑媽雖然醒了過來，但聲音明顯虛弱了許多。

「你怎麼能夠這樣想，我只有你一個媽媽！」

「孩子啊，我怕現在不說，就沒機會說了。我知道你從小就很獨立懂事，同時好勝心很強，不喜歡被人覺得你沒爸爸，就有所缺失，所以什麼事你都要贏。我知道這是你捍衛我們這個家的方法之一，我也沒有阻止。但看見你現在這樣，我發現我錯了，傻孩子啊，我也只有你一個女兒，我只

希望你能把你唯一的人生過好就行，僅此而已。」

　　表妹緊握姑媽的手哭不成聲，我也差點沒有忍住。表妹終其一生，都在追逐別人的人生，以為這就是她想要的。但卻沒花多少時間去探索自己本該有的人生。我想當時她是極其後悔。

　　再過半年，姑媽便走了，可幸是在她人生的最後時光，表妹都在她身邊。

　　有天我提著外賣，到表妹家看看她，發現家中除了她和姑媽的合照外，本放得滿屋都是的獎狀、名牌包、香水等等，都被清空得一乾二淨，家裡馬上明淨不少。

　　「哇，你這麼不濟嗎？要變賣家產？」我開玩笑道。

　　「你才不濟，我只是將不喜歡的東西清走而已。」

「那你喜歡什麼？」

「還不知道，但相信很快就能找到。」表妹環視四周一圈，視線最後落在全家福上，裡面的姑媽擁著表妹，二人笑逐顏開。

## 失去皇后的公主

後來陪伴表妹掃墓，這時的她沒有再教書，反而拿起畫筆創作，我看不懂藝術，但還是能看得出來，畫作總是在畫一個媽媽跟女兒的故事。

她用濕毛巾輕抹著姑媽的照片，一邊微笑說：「媽媽，你不用再擔心我，我長大了。」

王菲的女兒竇靖童也是一位歌手，看著這畫面，我想起她的一首歌《煙花》，節錄感觸的部分如下。

「媽媽給過我最特別的禮物 是教會我怎麼欣賞一道彩虹，

媽媽我長大了 不再需要被人圍繞對我微笑，
不再要去填補所有空白，
不會再難過所有離開，
不再指責 無果的愛。」

一座城堡，本就沒有國王，皇后現在也走了，那公主還
是公主嗎？我相信公主會成為自己的護蔭，不再迷途。

# Case06.
## 哪道才是幸福之門？

**依**我而言，人人都是跑數狗。這並非貶低大家是狗，只因大家異常類同，一生也為著不同目標而努力。最表象是跑數、跑錶、跑車、跑名牌等，跑至某個程度，便跑家庭、跑成就、跑滿足感，最終必然是跑幸福感。一旦喪失該等目標，便形同沒有靈魂的空殼。

在某一天內約見三個客戶後，我刷新對「跑數」及「幸福」的定義。

某年的復活節，普遍人都在放假，但對銷售員來說是最佳機會，可以排滿早、午、晚三個時段，約見三個客戶，正所謂不拼命賺錢，如何買車買樓、養女朋友及養番狗，做一個快樂的人生贏家？

## 冷清的豪宅

三個客戶分別是清水灣億萬富豪、港島區醫護精英，以及天水圍公屋住戶。我在一日內要走遍港九新界。

邊道才是幸福之門？

　　豪華大門打開，富豪伯伯一臉親切慈祥，完全沒有億萬富豪的架子，還熱情地向我介紹其滿是名酒的酒櫃、精緻裝修的書房，至於私人影院、遊戲室、無敵海景則只能屬基本配套，全屋一梯四戶，開放式設計，一個字「正」！之後，伯伯詢問我有沒興趣淺酌數杯。要討好客戶，這時即使要求我乾掉一整支茅台，也得說好。在伯伯從客廳場般大的獨立酒櫃取酒時，我雙眼好奇地四處觀看，最後目光停留在一張全家福前。一對中年男女站在中間、被身旁三個小朋友抱攬著，相片有點年代感，男人與伯伯有幾分相似，相信是伯伯年輕時拍下的全家福。

　　「你留意到這幅相？他們是我家人，右邊是我太太、三個小朋友分別是……剛才跟你介紹的私人影院便是大兒子最喜歡的房間，遊戲室則是女兒最常遊玩的地方。唉！不過老婆跟我離婚了，兒女都不在香港了，全移民了！」

　　伯伯真的很熱情，對著一個陌生人，不單跟他分享好酒，還將最親近的家人也一一介紹。他一邊介紹還一邊望著

全家福相片，就似是陷入過去的美好回憶。

　　從同事口中得知，伯伯早年經商致富，一家人原本圓滿快樂。及後，因為只顧及賺錢，還發生婚外情，最終被家人唾棄，晚年只剩下孑然一身，縱有億萬家財，也只能孤獨終老。

　　跑數狗打鐵趁熱，閒聊一會後便為伯伯推薦最貴的產品，開場白一句：「你對未來有沒什麼期許？購買這個產品便可有助你實現期許。」結果，伯伯聽及後，氣氛頓時變得死氣沉沉，幾分鐘後才笑笑口回應表示：「我對未來還可以有什麼期許？我只是個行將就木的孤獨老頭，即是『廢老』。」笑容極為牽強，眼神像是丟了靈魂。

　　這一刻，我腦海浮現陳奕迅的《陀飛輪》幾句歌詞：

　　「曾付出/ 幾多心跳/ 來換取/ 一堆堆的發票/ 人值得/ 命中減少幾秒/ 多買一隻錶？」

最終，保單當然沒有簽成，伯伯什麼都不缺，邀我到家裡坐，或者也只是想填補一下這間華麗但空虛的大宅。

## 年青中產情侶

第二組客戶是對年青情侶，屬於中產家庭。男的是位醫生，有間私人診所；女的則擔任診所護士。二人的家庭收入，每月約有十萬左右。現居於一個800呎左右的單位，對香港一般家庭而言，已經算是很大的單位。估計剛入伙不久，裝修新淨，並以簡約傢俬為主。整體而言理應予人溫馨舒服感覺，可就在踏入大門一刻，我即時感受到一股強勁的壓力氣場，原因並非什麼風水格局又或裝修古怪，而是兩人的忙碌情況。不絕的手機響起，男的正在安排診所工作，女的則是不停低頭傳著訊息。

這是已經是我第三次與他們碰面，保單價格其實不算昂貴，卻不明白為何合共月入十多萬的情侶，還要長時間考慮，每次見面都想爭取更好offer。

「買樓已近乎花光我們大部分積蓄。即使日以繼夜工作，整整一個月沒放假休息，也只是為賺錢供樓。」我還沒開口，醫生已即時打出「可憐」牌。護士也補充：「都是我弟弟惹的禍，他欠下高利貸，單是為他還錢，我也極為吃力。」

但當我提及這份保單可為他們帶來願景時，他們雙眼卻是即時像發光般。最後，終於成功簽下一張中價位的保單，足證他們並非能力不足，只是有意投資一個希望。外人看來，他們的生活看似寫意，但經歷幾次會面，卻對他們的「中產生活」感到壓抑。

## 一家四口 小康之家

最後一站，一家四口。子女已考入大學，一個讀工科，一個讀理科。父母從事飲食業，家庭收入估計在每月三萬左右，居住在一個不足 400 呎的一字型公屋單位，走廊僅可一人通過。不過，整體居住環境很清潔乾淨，只是單位大小僅

可與朝早那位富豪伯伯的酒櫃相比而已。同樣的大小，一個用作酒櫃，一個住著四口之家，這便是香港。

「我們知道你到訪，也預備了你的份，不介意的話，一起吃吧！」這家人非常熱情，本著盛情難卻，我就留下來吃了一頓家常飯。

飯前，我跟兩位家長坐到梳化上，開始傾談保單事宜。梳化一角有點破爛，他們便讓我坐在另一邊，自己則坐到破爛位置上。兩位子女則主動擺設碗筷，準備開飯。只見男孩子翻開摺檯後，女孩子俐落端出飯菜，待各人入座起筷，一邊吃，一邊聊著。

「你確實是事業有成，年紀輕輕便賺到豐厚收入。」

「我這個不肖子只喜歡工程，不然讓他報讀商科，將來可以跟你打工，更有前途！」

客戶說著說著，還不忘給我的飯碗夾上兩塊叉燒。

一頓飯茶下來，整家人總是有說有笑，子女會跟父母細說大學見聞，我也分享自己工作的故事。他們彼此還會將最美味的飯菜留給對方，結果最好的都落到我的肚內。這家人雖然沒有把全家福相片擺放出來，但這個晚上的情景，已是一幅溫馨無比的全家福。那頓晚飯，沒有什麼山珍海味，卻讓我吃得開心滿足，當晚簽下的保單金額雖然不比中產夫婦的大，但我卻很是高興。

有什麼比起賺錢更快樂？當然是賺得更多的錢！這是我從前的想法，可但這天在歸家途中，回想過來，錢是否就能換到快樂？

富豪伯伯坐擁最多的財富，可是明顯過得並不開心；中產情侶也有一定財力，可是生活卻極為緊張壓抑，只能對將希望寄託在未來。天水圍的四口之家，也未必無憂無慮，或者只是在苦中作樂，可是能夠活在當下，一家人齊齊整整，

可謂無數人窮其一生在跑的「幸福感」之一。從另一個角度來說，這家人才是真正的人生贏家。

那晚，我踏入家門一刻，即時致電母親，相約她隔天吃飯，猶記得母親接聽電話後第一句說的話，不是問及我這個月賺多少錢又或家用何時交上，而是擔心我工作是否辛苦，吃飯了沒有，提醒我不要忙累到深夜才吃杯麵充當宵夜。事實上，具體還說了什麼云云的，我也忘了，因為當下，聽著母親的聲音，只感到內心深處非常富足。

# Case07.
# 我想學會虛度時光

**香**港人出名快，東奔西趕，跑數狗這個名字也是如此得來，要跑業績、跑贏同業、跑贏別人，但累得像狗一樣。年輕時總覺得快人一步就是硬道理，直至遇見一對夫婦，我才學會提醒自己有時候得慢下來，才算生活。

當時有一位恩師快將提早退休，我剛入這行時也受他提攜不少，做人還是飲水思源好，眼見恩師提早退休，又怎能不為他慶祝一番。飲飽食醉過後，恩師說來討論一點正經事。原來他想把手上部分的客戶交給我代理，大部分都是穩定供款的保單，其實沒有什麼事需要處理，雖然恩師早已向客人們交代他將榮休的事，不過新舊人交接，總要和客人見上一面。

恩師把幾個File交給我，並一一講解每位客人的為人、喜好及做事方式等等。沒錯，比起講解客人們買了什麼產品，恩師更著重把他們的為人特質一一告知。他常言道，

產品的特質能差多少，但一樣米養著千萬個獨一無二的人，愈了解你的客人，你才能在他們面前「做返個人」。意指很多人都看不起做保險、投資這行的，覺得都是坑人坑錢的，就算有需要向你買保險，都不一定把你當人看。所以當你愈有人性，真心把每位客人當成朋友，你才能在他們眼中當個人類。

　　恩師即是恩師，做事嚴謹得很，這個年代早已不流行紙本，他手上的資料很多都是他年輕時，還是紙本年代打印的，事隔多年依舊排列整齊，紙張沒有半點泛黃。每個客人均依照不同的個人資料排好，還有不少親筆筆記，寫下客人的大小事。我還在暗自讚歎時，恩師抽起其中一份資料並道：「這組客人是一對老夫婦，很多年前買下的人壽單，沒什麼特別要跟進，但你約他們見面時，最好預留整個下午，不要排太多行程。」

恩師見我一臉疑惑，輕笑一聲補上一句：「你照做就行，到時候就明白了。」

## 難忘的電車之旅

那天見完面後，我亦不敢怠慢，馬上就約起客人們見面，約到那對老夫婦時，一把中氣十足的，但聽得出有年紀的男人接聽，聽到我報上的名字，就爽朗地約好後天下午3點去喝個下午茶，我亦有記得恩師的叮嚀，把當天下午的行程都排開。

我一向有提早15分鐘到達會客地點的習慣，老夫婦約我到堅尼地城電車總站等，在行過去的途中，已經見到一對兩手相攜的身影。「是董先生和董太太嗎？」「對，來，上車吧！」

董伯指指旁邊的電車，便和老伴帶點吃力地踏上，我立馬跟上，呆了一呆問：「去哪裡？」

「去筲箕灣喝下午茶啊，老趙沒跟你說我們喜歡去那邊飲茶嗎？」

我心中一驚，什麼鬼？！電車出名停站多，速度慢，我一向極少乘搭，更莫講從堅尼地城乘搭至筲箕灣了！坐港鐵都要半小時，坐電車應該至少要90分鐘吧！難怪恩師叫我要把行程排開。我一邊計算著坐電車相比坐港鐵花多了多少時間，一邊跟隨老夫婦的腳步。

剛好連排式座位空著，我和老夫婦就面對面坐下，雙目交接。老實說，在各式各樣的場面見客早已見怪不怪，在電車上，倒真是第一次，所以產生莫名的緊張感，想說的話都頓時忘光，我反射性地看看手錶。

「年輕人，你趕時間嗎？」「不不不，我不趕，今天沒有其他行程。」

「不趕就好，放鬆一點，你的時間還多著呢！」說

罷，電車剛好開出，董伯轉向窗邊，看著緩緩前進的街景。

## 何謂「細水長流」？

　　這時我才仔細觀察這對夫婦，兩人早已步入古稀之年(七十歲)，但夫妻二人恩愛非常，穿著「情侶裝」，均是一身合身的深藍色運動休閒服配上米黃色的上衣，兩人雙手交疊著，董伯有一頭濃眉，雙目有神，一邊看街景，一邊跟老伴講著哪些店舖建築已改朝換代，董太靜靜聽著，溫文嫻靜，嘴角總是向上揚，一臉慈祥。

　　我正看得入神，董伯開口道：「是不是不習慣坐電車？」

　　「有一點，電車太慢啦，香港人，最重要是快嘛！」我不期然又望了一下手錶。

　　「年輕時我也一樣，覺得年輕就要拼一點，日做夜

做，有時候連續工作2個星期，才休一天假。結果把自己迫得太緊，有一天在辦公室忽然像是不能呼吸似的，差點昏倒，嚇得老闆叫我馬上下班休息，本來想坐的士，省點時間回家休息。但一踏出公司門口，電車剛好停在眼前，我糊里糊塗上了車。」

「上到電車，看著窗外的景色，吹著涼風，剛剛差點窒息的感覺頓時不見了。仔細看去，一切景象鮮明起來，不再渙散，耳朵不再傳來刺耳的電話響聲，而是一下一下粗重帶節奏、電車行駛在軌道上的聲音，透過車窗，陽光灑在我臉上的那種溫度我仍記得，不再是下班後不見天日的陰冷。當我仍在適應一切時，忽然有人問我：你還好嗎？」

「原來我當時發著高燒，滿頭大汗，看上去非常不妙，坐在我對面的正正是她，看見我很是不妥，就關心一下，最後還陪我到醫院，回想起我們的相遇，我雖然狼狽

不堪，但如果我沒有坐上那班電車，或許我在追趕人生的途中就掉了性命，更別說遇上她。」

「之後我們都很愛坐電車拍拖，談天說地或各自安靜看書，這個座位，正正就是我們的『私家位』，由二十多歲一起坐到七十歲也不曾厭倦。」

我沉思之際，不知不覺，電車快來到終點站，太陽的餘光照進車廂之中，亦灑在老夫婦身上，坐在正對面的我，像是欣賞一幅能讓人心境平靜的畫，我忍不住拿出手機道：「不如給你們拍張照？」

兩老相視一笑，用最溫柔的眼神望向我。

在筲箕灣吃畢下午茶，送別老夫婦後，夕陽早已西下，我抬頭一望，渾圓的月亮澄明無缺。

我想學會虛度時光

## 人生只剩「跑數」麼？

　　我也搭上了電車，不是求董伯和董太般的浪漫邂逅。而是聽畢董伯一席話，前半段彷彿就在記錄我的人生，我自知有時會帶點病態地塞滿自己的行程，以勞累取代思考，以麻木取代休息，你問我有什麼理由非跑數不可麼？我一時三刻也答不上來。

　　我一邊想，一邊刷著Youtube想聽歌放鬆一下，一首歌的歌名吸引了我的眼球。

　　《我想和你虛度時光》

　　「我想和你虛度時光，比如低頭看魚，

　　比如把茶杯留在桌子上，離開，

　　浪費它們好看的陰影，

　　我還想連落日一起浪費，比如散步，

　　一直消磨到星光滿天，

　　我還要浪費風起的時候，

　　坐在走廊發呆，直到你眼中烏雲，

　　全部被吹到窗外。」

　　我再看這首歌下面的留言，好像解答了我的一些困惑。

　　「在沒有你的時間做遍所有事，不如和你一起甚麼也不做。也說不準哪一樣才是浪費。」

　　在平靜溫婉的吟唱和旋律之下，讓我想起老夫婦們和睦的笑臉。

　　在我們每日辛苦追趕著時間，爭分奪秒的同時，我們又浪費了多少靜好歲月呢？

# 第二章：跑數狗的跑數人生

拿拉返埋D先啦

返雞髀
我既！

前勿有生意來往！
倒霉一輩子是也，是也！

單

月賺百萬去到月蝕百萬都試過，

由谷底來到被富豪賞識，

跑數人生就是在這些起跌中形成。

# Case08.
# 靠1封手寫信賺了10萬

從事保險、做生意也好，做人也罷，識人比識字更重要。所以我的 WhatsApp、Wechat 等，總會時不時加入／被加入新好友，未必每個都是客戶，只是在不同場合上認識，甚至不少還可能素未謀面，但都照做「朋友」無誤。某天，WeChat 彈出一則訊息，是 Jacky 找我，我和他在一次商界聚會中短暫傾談過，交換了 Wechat 後就沒有然後了，他原來是聽某君說我人脈不錯，於是發來訊息詢問：有沒有相熟的網球教練可以介紹給他。

我還真有位要好的教練朋友，本著助人為快樂之本，便將聯絡資料回傳給他，話題聊開了，及後他約了一次飯局，讓我們彼此正式認識，我這時才得悉他有多「猛料」(厲害)。他現時是香港某間大銀行的CFO，但之前他曾在上海跨國投資行擔任高層，其昔日下屬今天更已是該行的中國區主管。在該次飯局上，他與我無私分享了不少金融、銀行及

會計的心得與眼界。「與君一席話，勝讀十年書」正是這種感覺。

生意上的提攜及商場上的諸多分享，讓我心存不少感激，於是親筆寫了一封感謝信，先是拍照傳了相片給他，問他拿了地址，再郵寄給他，記得他的小女兒喜歡某玩偶，就順道買了一隻，一併寄出。

誰料他收到後，竟馬上致電給我，並在對話中坦言他是如何感動，因為他完全沒想過會有人給他寄感謝信，還是親手書寫而不是e-mail或者訊息。他更表示，在金融世界竟然還會有人手寫感謝信，絕對是難能可貴。再次見面時，Jacky就說自己想買些投資產品，問我有沒有好介紹，最後就簽下一筆有10萬佣金的保單。

後來，我向其他朋友談起他的感言，朋友還笑說，不只在金融世界！事實是無論在哪個世界，現在都不會有人手寫感謝信吧！

靠1封手寫信賺了10萬

　　的確，用老本行做例，今天的保險人即使會表達感激，多數以 WhatsApp 傳一句「謝謝！」便算，甚至會以 emoji 代替。稍為認真的，或許會撰寫 e-mail 作感謝卡，手寫可能是極少數的，甚至沒有。

## 做別人不做就是優勢

　　不過，對我而言，寫信是剛入行時老前輩就教我的習慣，凡表達感謝，每字親手寫，才能表達誠意。這也養成現在看到質感好的信紙，都會忍不住買下的習慣，買了當然要寫。別看我像個「麻甩佬」，我可是個「文青」！

　　另一個角度來說，就是別人不做，才會顯得更有優勢。回想 e-mail 初現的時候，客戶收到 e-mail 的反應必然是喜出望外，因為那時大家都是手寫，突然出現一份電子化、還帶動畫的感謝信，絕對起到「印象深刻」之效。但換到今天反而是倒轉過來，在大家都以 WhatsApp、WeChat 傳感謝，突然收到一封手寫信絕對會是佔盡優勢。坦白而言，任何事情由 A 的極端走到 B 的極端時，必然發生倒轉回頭，舉例西

褲潮流不就是喇叭褲及窄腳褲兩邊不斷來來回回？說遠了，我要說的是，任何時候做別人所不做，便是一種優勢。而在每個細節都抱著這個態度，即使不會加分，也不會出現扣分的情況。長遠下去自然容易邁向勝利。

正如我的一封手寫的感謝信，雖然提筆至寄出，本來就沒有太多目的性，但就感動了這位金融猛人，即使不談什麼利益，我們事到今天也是常常聯絡的好友，甚至與他的家人也極為要好。

若果你自學校畢業後，就久未執筆，不妨試寫一封信給你目前在合作的客戶或生意伙伴。成本低，但效益卻可能有百倍之高！若你未試過就嫌老套，可能成功的機會就在你手中白白流走。

# Case09.
# 坐錯位就掉了50萬

**在**宴會上坐錯位置，竟然可損失 50 萬，是什麼一回事？收到電話當刻也是一片茫然，完全是黑人問號狀態。下面是一個聽者傷心、當事人痛心，錢包更是心碎的故事！

當時算是在保險業跑數的全盛期，香港還是國內都累積了一定數量的客戶，同期也可以有創業念頭，開展一些小生意。但一個人，一雙手，始終不可能全部兼顧，所以會將部份生意給予下線跟進。

其中一張保單必須親身與內地客戶林總接洽，並走訪過多個關係戶，只差一些細節未談妥。奈何我碰巧有要事，唯有派出三位女下線北上負責。大家可不要胡思亂想，該三位女性都是「師奶」級，派她們出馬只是見她們日常待人接物親切，該不會得失國內客戶吧！當然，最後才知道這是一個相當錯誤的決定…

## 全家上下被問候

　　就在我以為肯定成事，安心等待收取50萬佣金的時間，忽然收到林總一通來電。接過電話，招呼還沒打，跑數狗的全家上下 (重點當然還是母親) 都被問候過一遍，歷時2分24秒。之所以清楚時間，因為當時罵聲之大，唯有將手機拿開，剛巧看到時間顯示。待客戶罵聲停下，了解後才得悉那三位師奶下線，正正就是問題所在，還是超級嚴重那一種。

　　前面也提過，是次的商談還涉及多個關係戶，所以聚餐少不免，甚至一天可能要走兩三場，而問題就出在聚餐之上。大家可能不清楚傳統中國宴席，座位的安排可是有著嚴格規定，正對正門最遠的位置必然是主位或尊位，主位右邊是第二號位，左邊是第三號位，離正門愈近則地位愈下。這些禮儀對香港人而言相對比較陌生，三位下線當然也不懂。於是在頭幾次的聚餐，她們都順著心隨便就座，即使坐在主位也不察覺。

　　林總其實也明白香港人不懂什麼傳統宴席禮儀，但最令

他氣惱是三位師奶，隨便搶位也算了，還從沒想過先讓客戶或關係戶就座，哪怕是一聲招呼也沒有，一坐下來三個人自顧自地吹水聊天，閒話家常，一上菜，就自顧自地吃，真的是太他媽的「親切」了！幾次宴席下來，才最終令林總到達臨界點，拍枱走人，生意當然是告吹了，那50萬佣金也當然飛走了，最後我還須親自北上向林總道歉賠不是。

說到這，如果各位仍在想「坐錯位」可以有多嚴重，那再說個典故。楚漢相爭的歷史中，項羽有意在鴻門宴斬殺劉邦，而這在入席最初時便有明確顯示。在秦漢的文化習慣，主人都會讓客人坐於向東的尊位，因而鴻門宴上，身為主人的項羽該讓已是一方諸候的劉邦坐於尊位，可是，項羽不單自己坐了上去，還讓自己的臣子及叔伯坐於兩側，劉邦則只能坐到卑位上。明顯地，這是項羽對劉邦的示威、羞辱及打壓。

單是一次座位的安排，便對中國歷史有著翻天覆地的影響，我只好安慰自己，錢沒了當學個教訓吧！

坐錯位就掉了５０萬

# *Case10.*
# 西客是個大寶藏

做服務及銷售業，難免遇過西客。從前走在保險業前線的我，當然都親身接觸過不少西客，態度惡劣、言談無禮、不懂尊重，將我這隻跑數狗真的當成狗一樣看待。不少同行遇到這些客戶，必然掉頭即走，錢都不賺了。但我當年沒什麼心眼，好客西客也好，也全盤接受，當是遊戲闖關遇到不同 Boss。但經歷多年「闖關」，發現原來愈是西客，所帶來的回報往往是更大更難以想像，他們其實都是一個含金量極高且還沒人開挖，隨時可以令你致富的大寶藏。

記得當年的客戶中有一名隱形富豪，坐擁數十億身家，物業更遍佈全球，他有位獨生女Ginna，他希望我可以幫忙跟進她的保單。於是我邀約Ginna到 Café 碰面。初次認識，少不免說一些開場話。本是禮貌地問她有想點喝什麼，誰不知換來一句晦氣話：「不用了，這種貨色我喝了會肚子痛！」意指跑數狗找的這間Café太低級。當下我亦呆了不懂回話，

西客見不少，但這種程度還真是第一次見。

原來「世界是公平的」，父親有多雄厚的資本，女兒便有著多難受的性格及自大。真的想跟將來娶到她的男人說句：「我真心恭喜你啊！」

我只好打個圓場，再問到她的職業以及學歷，打算找點話題聊聊。誰不知情況更壞，換來的是句粗口回答：「XXXX，你沒有做好功課才來嗎？還來問我？」如是者，我深知言多必失，在對方一副臭臉下，草草結束了首次會面。

## 一招突破西面

我沒有就此放棄，向Ginna父親閒談間打聽Ginna的愛好、興趣等。Ginna雖然表面像個「西女人」，但原來很喜歡小動物，但父親氣管敏感，家中不能養。所以第二次會面，我做好功課，預約了一間樓上動物Café，並在樓下等Ginna到來，不意外，Ginna仍是那副「西口西臉」，但甫上樓，見到可愛的哥基出來迎接，就再「西」不下去，笑逐顏開，恍

惚變了個人似的，左擁貓右抱狗，說話自動過濾粗口，聲音
也高了兩個八度，幫她開開心心打卡拍照，話題自然多了，
她也友善了不少。

　　後來再見面，就是獲富豪邀約到其家中作客，隱形富豪
還親自下廚。想想一個身家以十億計的富豪為我這個無名小
卒煮飯，感覺就很夢幻。在等待期間，Ginna聊起了「艾西莫
夫 (Isaac Asimov)」的科幻小說，提到他的機械人三規制：一
是機械人不得傷害人類⋯

　　我還沒待她說完便接話道：二是在不違反一的前提，機
械人必須服從人類；三是在不違反一及二的前提，機械人必
須保護自己，之後還將當中出現的漏洞也是說了出來。這回
輪到她呆了一呆，應該是想不到，我一個「保險佬」竟然也
會看科幻小說。

　　雖然我本來就喜愛看書，但艾西莫夫的小說也只是讀
過兩三本。能指出三定律的漏洞，也是看過《I Robot (智能

叛變)》這部電影，腦海不期然拓印起來，誰知竟然能夠派上用場。而感謝艾西莫夫的機械人三定律，後來順利簽下佣金達十數萬的保單。Ginna的「西客特質」也漸漸軟化，不再「西」了。後來我明白，「西」可能是有錢的富二代的一個保護網。

## 開拓龐大市場

　　因為相熟後，發現Ginna其實不太難相處，後來更邀請我到她的生日派對，也認識了Ginna一些朋友，發現「物以累聚」此話不假，Ginna的朋友普遍都是「西客」款，樣貌品相以至氣質甚至有點相似，但也正因她們「西」，也有如建起一道堅固圍牆，別人極難接近她們。但轉個角度，只要能夠打破圍牆，便等同成功開拓一個龐大市場。被一位西客接納，就等於為你打開大門，再來應付餘下的，便顯得更為輕鬆，易如反掌。

　　這次經驗讓我深有體會。首先，必須儘力跟進西客，與他們相處，就算做不成生意，學會的待人技巧，自己肯定

必有所得；其次，只要願意花時間建立起互信關係，絕對不
難打破西客築起的心理圍牆，回報隨時超出預期。再者，一
旦與西客有著共同話題，則更加是事半功倍。當然「共同話
題」不一定是艾西莫夫，視乎對方喜歡什麼便談什麼，他喜
歡打哥爾夫便談哥爾夫，她喜歡韓星便談韓星，懂多一點，
無往不利。

　　說到這裡，可能要說一下初入社會的新鮮人，他們便
不懂「共同話題」的重要，總會抱怨「我哪有這種時間投其
所好，什麼也學習涉獵！」事實上，也不需花什麼時間，日
常多閱讀，將知識積存起來便足夠。再不然，先選一兩件比
較有興趣的東西，深入研究也可以；又或留意中產或有錢人
一般喜歡什麼，不外乎都是那些，花點時間學習，總會有幫
助。老土一句，學到的知識就是你的，不
一定馬上有用，但書到用時總是方恨少！

# Case11.
# 出生時辰注定財運？

每次上完銷售課後，我常常都會留下十幾分鐘，不是不想收工，而是學生們常常都會拉住我問各式各樣的問題。而最常聽到的共同問題之一是：「做銷售最重要是什麼？是對的產品？口才？還是人脈學識？」我常回答，不同場景，不同答案，不能一概而論。當學生說我在講廢話的時候，我就會用以下的故事來解圍，讓他們啞口無言。

我的後輩Grace，不但人靚聲甜，人見人愛，出口成文，外向活潑，但差點就在一筆過二十萬佣金的生意中敗戰而歸。色瞇瞇的你可能心想，一定是Grace沒有做好「陪瞓」(陪睡)，喂，不要想歪，Grace可是實力型的！原因竟是在於：出生的時辰不對！

## 命格相沖拒簽約

她在一次商會聯誼中認識了做珠寶業的黃老闆，相談甚歡下，於是開始常規的銷售流程，包括清楚了解他的需要，

很用心地幫他擬定不少計劃、提供點子策略等等，不久後就獲取黃老闆的信任，但來來回回也交涉長達3個月。最終努力沒有白費，黃老闆落實跟Grace合作，萬事俱備，只欠黃老闆的簽名。但就在黃老闆提筆，筆尖離合約一毫米不到時，黃老闆像是遺忘了什麼似的，突然望向Grace並開口問到：「你的時辰八字是？」Grace呆了一呆，一來，現在的年輕人誰會記住自己的生辰八字？二來，是不明白簽約與八字有什麼關係。

但生意要緊，Grace於是說出了自己的西曆生日及大約的出生時間。黃老闆隨即拿出手機撥了通電話，將Grace的生日資料給對方後就掛了電話，經過一兩分鐘的無言等待，「叮」一聲，一則信息傳來，黃老闆看得眉頭緊皺，不久就放下電話。

黃老闆向Grace表示，剛剛是打給他的專屬風水大師，大師指Grace的命格與他大大相沖，不能有任何生意合作，一句「不好意思」就離開了！留下目瞪口呆的Grace，大

佬，幾個月的辛苦經營，便因風水師一句「命格相沖」，就白白看著二十多萬佣金真的被沖走了。這下能怪誰，難怪要怪自己的媽媽挑錯時辰嗎？

不幸中之大幸是，她隨後打來向我訴苦，我和一些前輩得知事情經過便提出建言：「既然只是妳與他的命格不合，何不問問黃老闆，到底什麼命格與他相合，在自己團隊內找尋相關命格的同事，將整個計劃轉交給他處理。」

最後將事情挽救回來，順利簽約。雖然，二十多萬佣金最終雖然被攤分了三分之一，但總比吃了白果的結果要好太多了。

普遍保險從業員或者銷售員只有「零和」觀念，總認為生意只有成功或失敗，成功的話，功勞就屬於自己，不可與人分享，反之，失敗了，責任也是往自己身上攬，不懂得如何扭轉局面，就像Grace只因天生的命格導致生意告吹，就頹廢至極，竟然想就此不了了之，差點任憑黃老闆另外再找人合作。

## 包二奶都要風水師過目

　　這個故事聽下去可能讓人啼笑皆非，但真實世界中，普遍有錢人的確篤信風水命理，甚至可以說愈是有錢愈會依賴，見過不少大富豪，身邊均聘有御用風水大師，每當開新舖、聘請重要職位等重大決定，均會先向其諮詢，一句「不可以」，幾億的交易可以瞬間告吹。最誇張是，我聽聞有些富豪，「包二奶」都會先叫風水大師過目一番。所以，即使你覺得可笑，但又無力改變時，就唯有靠變通，才能夠融入客人的世界。

　　所以，銷售靠實力固然是很重要的因素，但原來命格時辰在有錢人眼中有時候更為重要。但命雖然是先天注定，但靈活變通、學識及自身經驗等等，還是能夠改變命運的！認命與否，還是得看你自己！

# *Case12.*
# 致富機會來臨，你接得住麼？

**試**想像現在讓你接觸身家過億萬的富豪，你覺得他需要什麼？相信不少人會答：美色（男/女人）、名譽或權勢等。反而沒有幾個人會答金錢。「已有幾百億身家，還稀罕什麼錢？」

但實情是很多愈有錢的富豪愈對金錢渴求不減反增。因而有意接觸富豪的朋友，必須先清晰自己的定位，思考如何為他們賺取更多的金錢，廣開財路。像我當初就善用自己較擅長的「度橋」(即構思新點子)，為富豪出謀獻策賺錢。

有不少人問我，你一個「屋邨仔」是如何與有錢人打得了交道。除了靠努力，更要感恩機遇。當年有幸認識稱得上香港首富之一的P先生，便直接提及可為他帶來多少金錢價值。當時的對話原文複述如下。

我：「P先生，我知道你的時間寶貴，但我想從你身上學習。」

P先生 (呆了一呆):「學習?你有什麼想學習?」

我:「我明白你也不知可以教我什麼。沒關係的。只要將我帶在身邊便可以,平日有什麼聚會也希望可帶我參加。」

我:「當然,也不能讓你平白指導,我向你承諾首三年為你每年賺二百萬。」

二百萬,這個數目對P先生而言當然無關痛癢,但我這樣提出,重點是展示自己的能力及作出實質承諾,我當時還向P先生表明,若P先生覺得留我在身邊無用,我會立即辭職離去,不強人所難。

## 常伴富豪埋身學習

P先生說第一次聽到有人說想跟他學習,可能是覺得有趣,就真的答應下來,我隨即展開工作,在頭一星期便已擬定好相關的計劃書,第二個星期便展開銷售活動,四圍約見

致富機會來臨,你接得住麼?

客戶或合作單位，跑數了近兩個月，成功簽妥了合共六千萬的合約，超額完成。

你問我，P先生教會我什麼，想也知道他不會像一個老師般跟我上課，要學會有錢人的處事方法，最直接的方法就是多「跟頭跟尾」，得知P先生一些日程，例如與某些銀行開會，我都跟去，即使全程只是坐著看，都能學習到很多，又例如觀察P先生如何與大公司周旋、如何跟生意伙伴爭取最好的Deal等等，這些都不會是任何課程可以教會的事。而多見面也有好處，從心理學角度而言，當與對方見面愈是頻繁，相對愈容易提升信任度。

提一件讓我覺得大開眼界的小事，前面提到我提出每年均會幫P先生賺錢當交學費，形式大概是我幫他建立一隊類似Broker的團隊，有一天我問：「P先生，你希望這個業務擴展到哪個程度？」原本只是想有個目標，好讓我心裡有個底。誰知P先生說：「我沒有想過這個問題，能做多大就多大吧！」言下之意，就是對P先生來說，任何事根本就沒有

「限制」可言，能賺100萬的生意，就向1000萬甚至更多前進，設下界限是多餘的。這就是生意人的大思維。

　　回歸主題，要吸引富豪注意，最重要是可為他們帶來多少的金錢回報。而作為「智囊」，透過自己的「橋」或點子，我認為是其中一個最效的方法。不過，「橋」或點子，不少人都可以有著一大堆，為什麼仍然是不能吸引富豪注意？就我淺薄觀察，普遍人所謂「有橋」，往往都只是紙上談兵，從沒有將它付諸實行，也當然從沒有產生過任何成果。

　　富豪重視的是「實質證明」。推介各位閱讀《Speed of Trust》，它提及最快而且最直接令人肯定你的方法，便是「結果」，無論你如何吹噓點子有多利害，多有前瞻性，可以帶來百萬千萬以至上億計回報也好，只要從沒有將之實踐，就僅是門面說話，即使有機會向富豪介紹，也不會讓他們產生絲毫興趣。

## 有往績才有人賞識

　　將「橋」化為行動，實際操作出來，之後達至一定成果，才再向他人介紹。P先生當初給機會我也非心血來潮，在見面前，引薦的朋友有提及我的一些往績，雖然不算是什麼豐功偉績，但至少可信之人引證到跑數狗這個人是有真材實料，而非吹水佬一名。

　　回到上面的主題，你可能問，平白無奇，如何接觸有錢人？當然不會在街上給你遇到，在商業世界中，每個人都在觀察對方的價值，你愈能提供價值，自然就能認識愈多人，層層推上，最終來到上流。所以必先「練好武功」，打造一份優異的「過往記錄」，取得更多「實質證明」，才容易吸引富豪的興趣。

　　若然，還沒有什麼想法，建議大家多「沉澱」，培養自己的耐性、虛心學習，閒時多作閱讀。我便很喜歡看書，日常便天南地北什麼書也會拿起手閱讀。持之以恆，腦海定必充斥各種不同知識，只要將它們左穿右插，互相串連，自然

便會浮現出更多的「橋」，隨時可以派上用場。這也回答了不少人常常問及：「『橋』從何來？」

最後，要做的便是「等運到」，這不是負面意思，只是讓大家明白即使作好各種準備，一切 Ready，機會或回報也總不會即時出現。但一出現，也要你接得住，還是要點彩數，而我承認自己算是滿有運氣的。

思考題：

1.如果讓你接觸到香港首富，你認為自己能提供什麼價值？

2.你認為自己有沒有一份優異的「過往紀錄」？如果沒有，你會想創造怎樣的紀錄，如何實行？

3.想出3個付諸現實的點子，不一定需要馬上賺大錢，凡是新奇可行的點子也可以！

這3個點子，可能在機會來臨時，成為你的致富密碼。

# Case13.
## 騙子敗走記

**我**曾遇過一個騙子，原本是沒甚麼交集，但騙子竟然擬好一個看似穩賺不賠的計劃，想騙我上當，這便有趣了。因為他不厭其煩的常常傳來信息，為了一了百了，便與他相約碰面，坐下談著談著，騙子便開始表演。他先是一番吹噓自己的成就，以及曾協助某某投資賺了多少多少錢，講著他的必賺發達大計，意圖引起我的興趣。看見我表現冷淡，他便話鋒一轉，說起自己與 P 先生的弟弟相熟…沒錯，P 先生就是前篇文所提到的富豪。

我便隨即表示自己也正跟隨 P 先生學習及工作，騙子以為終於打開話匣子，便宣稱自己也與 P 先生相熟，還大談 P 先生喜歡喝的普洱茶。「不，P 先生喜歡喝的是單叢茶！你是否搞錯了其他人？」我一句反問，騙子即時露餡，呆了一呆，相信也深知真的碰著 P 先生的熟人了。接下來也沒接話，騙子也就多說幾句天南地北，便結賬走人。

## 騙子的套路

　　其實那個騙子的套路，若果不是真正認識P先生的人，可能都真的會信了七成。但他向人宣稱認識誰，卻是對其生活習慣喜好，都沒清楚了解，要知道在任何聚會上，與人談論另一位知名人士，其實就是一種互相揣測，你在展示自己的人脈的同時，對方也是在估摸著你是否真正認識那人，甚至用盡心思，務求挖開你的底蘊。所以這個騙子也沒有用心做功課，極其量也只算是個中級騙子。

　　不過說穿了，一般所謂的認識極其量便只是曾在某個聚會上，互相交換過名片，傾談過一兩句。在那些名人或富豪的眼中，可能回過頭來，已忘記他是誰，在他們眼中，這種人都只會是個 Nobody (小人物)。

　　能真正說與名人或富豪認識，必須是他們的 Somebody，也就是當你向其他人宣稱與他相熟時，他會願意為你「背書」，證明你的宣稱是真確無誤。簡單地說，當你給他致

電，他都願意花時間接聽，這樣才算是與他相熟。若再深層次地說下去，便是當你為他介紹新朋友，他完全無條件抽時間出來碰面，便絕對讓任何人都能信服你與這位名人或富豪相熟。

我與P先生的認識便是在深層次面，每當為他介紹新朋友，P先生總會願意見上一面。當然次數不算太多，不然只會浪費P先生的時間，於彼此無益。

對了，跑數狗的跑數人生當然還有更多可以分享，篇幅所限，有興趣可移師到IG先睹為快。

人生很多事看似瑣碎，

但一個轉念，可能就可改變一生。

呵呵

呵呵呵

# 第三章：人生跑數哲學

Next!

Next!

Next!

只有愛
恆久不枯～

# Case14.
## 親手挖金的人
## VS找到金礦的人

「橋」是粵語，即「想法」或「點子」，我閒來無事，最喜歡「度橋」，就是思考各種新點子開拓更多商機。我也樂於為人「度橋」，因為每一條「橋」比任何東西都更為值錢，如人人皆知的 Facebook 或 Amazon 都是來自一個沒有人想到的點子而已。一個好的點子，更能讓你省去朝九晚五的體力勞動，把無形的點子輕鬆化作有形的金錢或商機，正是「度橋」令我著迷之處。

　　說個故事，19世紀在美國淘金潮盛行的年代，無數人抱著黃金夢，開天闢地，有人夢想成真，成為巨富，但更多人是雙手佈滿歲月傷痕，窮其一生投入到掘金的虛夢。而那個時期，有人跳出思想盲點：既然大多數人都在掘金，而掘金必須要使用鐵劏，便開始大量生產鐵劏再作出售。鐵劏既是必須品又是消耗品，賣鐵劏的人當然都成為贏家。

## 有橋超重要
　　另外有人再深思熟慮下，對舊式鐵劏作出改良，設計更

好用的新式鐵劍，並交由廠家來製作，批量推出，賺得更多的錢，市場也更為遠大。別以為這已是最後，有人想到收購大量鐵劍，並僱用其他人為自己掘金，這類人無須付出任何勞力，坐享其成，卻往往是最大獲益者。再後面更申請鐵劍專利，以專利權來謀取更多財富；甚或聯同政府機關，對鐵劍的使用作出限制，爭取只可使用自己的牌子等等。

以上的掘金故事，也正正說明「橋」的重要性，會「度橋」便可以將財富利益一層層的打上去，取得更多更長遠的回報。反之，你不懂「度橋」嗎？那你只好成為最底層的掘金人，成為最最最底層那種受僱人士，掘得再多的金也只屬於你的老闆，難有出頭天。

套用到商業社會，掘金故事更是赤裸裸的比喻，沒有「橋」的打工仔，便只好繼續每天準時上班，每月領取相同薪水，努力的成果只屬於公司老闆，也只漲滿了他的錢包。較老一輩的經歷過時代動盪，或許穩定的薪水及工作，對他們而言，已經是人生所求。

但時代不同了，面對各種經濟壓力，社會變改，叔叔眼見很多年輕人都不滿只領死薪水，我亦年輕過，深明這一點，所以非常推介大家用「度橋」來活化自己的腦袋。用《跑數狗》這個 IG 、 FB及這本書做例子，其實也是我的「橋」之一，本意是分享經驗及認識新朋友之餘，當然希望用來創造更多財富。所幸是短短不到半年，IG 的 followers 將近三萬，算是小有成績，也的確吸引不少機構主動尋求合作，在此也多謝各位支持。叔叔這個親身例子，雖然末夠本事用來警世，只是想讓大家知道，「橋」絕對不難想，只看你有沒有時間想出來，以及實行。如果總給自己藉口理由去拖延，人愈大，就愈沒勇氣和空間去試，不知不覺就困在為人掘金的食物鏈底層。

最後說句結語：「不要自己掘金，度條『橋』讓其他人為你掘吧！」

親手挖金的人VS找到金礦的人

# Case15.
# 學習最重要非老師資歷
# 而是放低自我

一路走來，感恩在跑數路上遇到不少恩師。莫講在商業的世界，在辦公室中遇著的上司也不一定對你傾囊相授，更莫講是與你無親無故，卻願意真心給建議予你的人。即使忠言逆耳，我都會提醒自己要虛心接受與反思，同時也提醒自己，身邊有人需要幫助，也要像恩師們當日待我般，真誠以對。

因此近年開始擔起導師一職時，我也不忘初衷，盡力給予創業建議。來自各行各業的人也見得不少，但有種人我真的不太願意相處，這類人特徵是明明能力不足或只懂皮毛，卻不知何來的自信心，總以為自己很強、很利害，可每每讓他們處埋事情時，就「眼高手低」。

## 商場見微知著

有次遇著拿著經濟學一級榮譽畢業的年輕人Keith，他

是一名老前輩的姪子，想我帶他進入金融行業，我也義不容辭，帶他出去見見客戶，讓他有個概念，結果從不少地方，已看得出他的心高氣傲。簡單舉例，商場上交換名片是常事，但也有一些禮儀技巧，將名片遞給對方時，名字一面向上，文字必須從自己角度看是倒轉，這樣對方收到名片觀看時，文字是就「正向」的，一目了然，不需再將名片翻來覆去一番。所以我跟Keith提了這個小技巧，卻招來一面不屑：「轉一轉而已，能有多麻煩！」好吧！學不學也算了！不過換做重視禮貌的日本彼邦，他們的名片部份是垂直書寫，若然對方觀看時，名字倒轉了，除了顯得不成熟、不禮貌，隨時令生意泡湯也有可能。

　　及後我跟Keith提及不少職場上的談判技巧等實戰經驗，結果都是差不多，Keith認為人最緊要「有料」，一級榮譽畢業的他很有料，只要做實事，用成績說話就可以，言談間更覺得我的學歷不如他，如不是老前輩叫他跟在我身邊，他才不會留下。唉！我也真是汗顏，心中暗想這很難跟老前

學習最重要非老師資歷而是放低自我

輩交代。最後我讓Keith自己出去多見幾次客,直到撞得灰頭
土臉,十分沮喪,我才跟他說以下故事。

## 貓大仙的故事

　　有一個天資聰敏的孩子,兩歲會寫字、三歲會作詩,
十五歲時已無人能做他的老師,他聽聞異國有位貓大仙,是
最有智慧的人,於是動身拜見,欲拜其為師。他準備不少問
題想跟貓大仙討論,想用自己的聰敏驚艷貓大仙。見到貓大
仙後,每問一條問題,貓大仙還沒回話,他就先分享自己的
見解,貓大仙喝住茶,連點頭認同一下也沒有。他見狀心生
不滿問:「難道我說的不精彩嗎?你又有何高見?」貓大仙
笑而不語。

　　他心不在焉地拿起茶杯想喝點茶,突然「啊」一聲地
摔下茶杯,原來當他在高談闊論時,貓大仙為大家的杯添著
茶,茶滿了仍不停手,他一拿起就燙到手。

他生氣地問：「你看不到我的杯早已滿了嗎？怎麼還添！」

「這個就是我的回覆。」

他聽得一頭霧水，完全不明白。貓大仙接著道：「你的茶已經滿了，無論我添什麼，都只會溢滿。如果你想我能添些新的東西進去，唯一嘅方法就只有清空你的茶杯。」

## 學習「空杯」心態

學習講求的是「空杯」心態，也就是要將自己幻想為一隻空盪盪的水杯，每時每刻都渴望著丟放進不同的「知識」。

自視過高、妄自尊大的人，往往就未能從別人身上吸收到任何東西，最後只會固步自封，封的還是自己的成功之路。更深入地說，放下自我身段確實比起導師的高度更為重要。中國諺語有云：「三人行必有我師。」便點明了再聽

明再有能力的人，在別人身上仍會有著可以或需要學習的地方。說出這句諺語的孔子，也曾拜小孩項橐為師，你的學識能強過孔子嗎？連他也可放下身段，你還有有什麼藉口？

白手興家的富豪，每每更懂得學習別人長處，以彌補自己不足的道理，因而愈做愈成功。缺乏這種態度的那些人，即使有所成就，一般也很局限。

Keith也是個聰明人，聽畢後，就換了個人似的，願意跟從我的建議，從低學起，現在也混得挺好，我算是能跟老前輩有個交代。

# Case16.
# 9成人捉錯用神的
# SEO流量遊戲

「電子行銷」一詞，不是做 Marketing 的人，可能沒有感覺，但事實卻是與我們息息相關。每個在手機、網站彈出的優惠通知，總是偷聽你在現實生活提及的產品，轉頭打開 IG 就見到的相關廣告等等，都是電子行銷的一種。在過去的疫情底下，大家更是非常習慣在網上購物，亦習慣被這些電子行銷每天入侵腦袋。

有天朋友問我，覺得SEO (Search Engine Optimization) 有用與否，簡單解釋SEO是什麼，SEO也是電子行銷的一種，透過操作SEO，就能讓你的網站在Google搜尋的排名變高，換言之，免費的自然曝光量因而增加，網站有流量，自然多生意。但SEO易學難精，行一圈書店，有不少書籍教人如何「玩」SEO，相關人才也是非常吃香。有用肯定有用，嚴格來說該討論：「是否真的弄懂 SEO？」

好友Louis有多年電子行銷的經驗，培養出對網絡世界高度靈敏的觸覺，早察覺到 SEO 的市場潛力，於是幾年前毅然辭職，自己建立起一間專門編寫 SEO 的顧問公司。但與別不同的是，他指出，普遍人認為編寫SEO只集中於「寫什麼給受眾觀看」、「如何慢慢推高排名」、「花錢投入廣告宣傳」等等。覺得愈多人看，排名就會自然變高。

但他指這些基本概念大錯特錯！他所編寫的 SEO受眾不是人，而是只針對 Google，所有內容皆根據 Google 的演算法編寫，Google本人看得開心即可！叔叔聽畢感到腦袋一陣眩暈，我從沒想過還有這種想法，可真與大眾認知的不同。

## 不花分毫排首位

白講沒用，用作品說話，Louis的這一套SEO大法取得的效果非常驚人。他為某間加拿大移民公司編寫SEO，最終取得非廣告網站排位首名，即是不花一分廣告費，就讓網站出現在首位！要知道現今電子行銷競爭激烈，要買下首頁的廣告位，一天花個幾百元絕不誇張！

　　讓我感觸的是，我的移民公司也曾大灑金錢支付廣告費，結果宣傳效果卻遠遠及不上他一元不付的效果，就連十分之一也不到 (哭)！

　　時至今天，Louis的SEO顧問公司每個月的現金流量已高達過百萬，客戶更遍及不同界別及層面。半年前，他偶然認知到「離婚」在香港法律上原來沒什麼門檻，可說是市場潛力巨大，於是利用對 SEO 的認識，創立了一個離婚顧問網站。經過半年，已穩佔香港離婚市場比率的8%。他還將會在中環區租用頂級寫字樓，並招聘專業事務律師，務求「一條龍」式協助客戶處理離婚法律問題。

　　事實證明，問題從來不是SEO有沒市場或有沒有用，該問的是我們有沒有真正弄懂SEO？概念上有沒偏差或只是道聽途說別人的分享，卻沒有深究本質，當然，也不是一時三刻就可以研究出來。的而且確，早期編寫網站，只需願意花時間編寫，內容取得受眾認同，總可以在市場佔一席位。不過，它也不斷在進化，就如 Windows 95 今天演變為

Windows 11，一直沿用舊版本，最終只有被業界淘汰。

　　上述情形亦與創業概念極相近，市場上的創業機會多不勝數，普遍創業人士往往卻只懂得跟隨其他人沿用十多年的思考模式，判定這個沒市場、那個沒錢途，這樣做不來。又或者淺嘗過一次小成功後，食髓知味，繼續「一本通書睇到老」，不斷重複，即使不再有效，亦不會換位思考一下，捉錯用神，白費力氣，結果當然絕路一條。

　　創業生意並非沒機會，只是沒用上正確方法及切合時代而已，多轉幾個角度，或是反其道而行，說不定就看到新轉機了。

# Case17.
# 你的人脈策略沒走歪嗎？

**各**位可記得前文有一篇曾經提及的一個騙子？他本想以和Ｐ先生認識，對我有所圖謀，結果沒想到我真的認識Ｐ先生，被我一句揭發，最後敗走而去。在這之前，這位騙子當然不只宣稱和Ｐ先生認識，他也曾吹嘘和很多名人認識，以為可博取到更多的信任。事實上，他錯了，錯在於「市場策略」錯誤。

打入有錢人的圈子，要做的不是認識多個有錢人，而是只去深入認識一個有錢人即可。以挖掘石油來比喻，相對於鑽探多個地點，倒不如在單一個地點不斷深入再深入地鑽探，更是容易發現石油吧！「深入認識」的說法也相同，它與一般「認識」不同，不是形式上的互相交換名片、偶而碰面一兩次，而是近乎深層次了解，對該有錢人的日常生活、起居習慣、愛惡喜好，全部均可以清楚掌握，即使別人提及，也能如數家珍甚至作出糾正。比方說騙子提到Ｐ先生喜歡喝普洱，我可以即時糾正為單叢茶，這就是對Ｐ先生喜好的充份了解。只要經常接觸一個人，近乎每星期皆有聚會，

潛移默化下必然會記在腦海。

## 如何打進上流圈

　　只要深入認識一個有錢人，自自然然便能夠融入到他們的圈子，因為普遍有錢人都會觀察你背後站著什麼大人物，從而決定是否接納你走進來。最有趣的是，即使退一步來說，你並沒刻意有心走進有錢人圈子，但在對一位有錢人充份了解後，也逐漸成為有錢人眼中的Somebody，從而成為一部「人脈中介器」。怎麼說呢？別人會希望借助你的關係，來認識那位有錢人，又或希望參與你跟那位有錢人的任何合作計劃。但他們也明白，不能平白讓你單向介紹，自不然也會為你介紹其他相同份量的有錢人。簡單而言，你與 A 相熟，B 希望與 A 合作，便會向你介紹 C，而 C 也有相似舉措時，又會為你介紹D，如此一環接一環下去，不就愈來愈會認識到更多的有錢人，也表示在你不自覺情況下，已被動地推入了這個圈子。這一切的源頭或關鍵，全因你「認識」了一位有錢人，他又願意背書你們的相熟關係罷了。

　　以上可是我的親身經歷，當初想跟P先生學習，也沒有想過像那個騙子般，用P先生的名義攀關係，只是需要為P先生的生意打點時，也會以P先生名下的公司代表身份亮相，但久而久之，就會收到各類型的人想認識我，我很明白，並不是我有多厲害，他們大多都是想透過我認識P先生，當中當然有真心想尋求合作，也不乏想找小便宜的人。受到P先生的賞識，我自然也得義不容辭，好好把關。

　　當然，我的人脈也是由零開始累積，不是一下子就有機會認識富豪，但道理也是一樣，這個經歷希望能讓想透過人脈，以尋求各種機會的人作參考，以調整你的策略。

# Case18.
# 最輕鬆的賺錢大法

●享用高級美酒  ●認識到朋友  ●見識世界酒莊

●賺到$

不講廢話，先告訴大家，最輕鬆的賺錢大法，就不是以賺錢為目標！先別急著丟書，換轉是以前的我，聽到這種說法也想丟書，但老友 Simon 如今的成績，就正正引證了這句「廢話」不無道理。

Simon 是一位紅酒發燒友，喜歡到用工餘時間，考了品酒師牌照，叫他是紅酒活字典也不為過，他經常參加紅酒 Blind Test 聚會，都能輕易說出產地、酒莊、特性等，可算是紅酒界一位 KOL。

Simon 對紅酒的知識，也在紅酒圈中廣傳，他也喜歡交朋結友，經常會有人找他推介紅酒：「周年紀念日喝哪支好？」、「哪支紅酒不太貴但送禮又不會失禮？」就算是懂酒之人，也會向他請教哪款Ham跟手上這支靚酒最搭，Simon也能一一答上。

久而久之，找他推介之餘，還會找他代購，因為Simon

認識不少紅酒代理，總能完成別人的委託。最特別的是，Simon 都抱著幫人心態解決問題，即使幫人代購都是代理收他多少，他便讓人繳付多少，不會從中撈油水。他常說：「幫得到就幫，也不過是一兩通電話而已，還收什麼錢！」當然，很多時候也不是一兩通電話可以處理，他還需要人肉速遞。

所以找 Simon 代購的朋友，都會不好意思讓 Simon「蝕底」(吃虧)，總會主動提價，多付一點點。不少人更怕他拒絕收費，便以紅酒代償，多訂一兩支送他。如此下來，Simon 開始產生一筆小小的收入，加上別人送的紅酒也省下日常紅酒開銷，也就等同每月財富有所增加。

## 商家老友邀合作開舖

好了，勵志的部分來了，某位商家老友眼見他經常幫人代購，萌起生意念頭，找上 Simon 合作開設新紅酒店舖，無須他投資一分一毫，只要求加入 Simon 的名字作為生招牌。

Simon 也答應下來，反正做生意這回事，自己也不太懂，這位商家也是相識多年的好友，幫忙一下，幸運的話，還能賺錢，Nothing to lose。而商家也是有著生意頭腦之人，店舖開張後，便不時以 Simon的名義舉辦紅酒分享派對、紅酒班、新酒試飲會等等，吸引到不少人慕名而來，生意穩步上揚，最重要是Simon也非常享受，真正寓工作於娛樂。

一眾紅酒代理得悉 Simon 有自己的紅酒店舖後，也為他大開方便之門，不單提供更多折扣，新酒也會送給他品評。雖然紅包利是也少不免。但Simon 始終本著初心，好的才會推介，較差的也會加上一些批評。

現時，Simon 也辭掉了原本的沉悶的正職，但不是長駐在紅酒店，而是經常接受全球不同酒莊的邀請，四處品嚐紅酒，遇到口味不錯的，便繼續向有需要的朋友推介，再引進到店裡，生活變得悠然自得，財富自由也比不上這種身心靈自由。

　　香港的打工仔，很多勞其一生，以賺錢為目標，跑著各種的數，勞累不堪，上班等下班，回家後，就算是有個人興趣，有時也累得不願再研究，倒頭就睡，日復一日。如果想脫離這種生活，或者覺得這種死循環、死薪水，並不能為你帶來更好的發展。Simon的故事，正正可以作為參考。

　　像 Simon原意根本不是想賺錢，只是他愛酒如命，並且醉心了解及研究各種美酒，不知不覺培養出專家級的眼光跟舌頭。 相信他也絕沒想過最終會變成一門收入不菲的生意，不就是「無心插柳柳成蔭」的最佳實證嗎？很多時我們太基於利益著想，凡事只以金錢掛帥，想要賺大錢反而更為困難。從心理而言，太著緊金錢利益，任何與金錢相的問題出現，例如：虧損、利潤不似預期、沒客人等，問題都會被無限放大，構成沉重的壓力，有不少想法在計算一番之後，甚至胎死腹中，試問又如何能夠成功？

## 真正財務自由

再說 Simon 一個更勵志的後續，某大富豪因為需要招待一位外國客人，這位客人也是位紅酒愛好者，言談間提起一款紅酒，卻是忘了酒莊、品牌及年份，只能說出大概口感及味道。客人隨口一說，富豪卻是上了心，於是求助Simon。Simon給出了幾支紅酒名字，富豪一一買來，最後還真的找到客人喜好的一支。富豪也成功與這位客人達成了上億元的商業合作，算是皆大歡喜。及後，富豪為答謝Simon，便將旗下酒店的紅酒採購都是委託給 Simon 的紅酒店，每年下來，就有超過 7 位數字的純利……

# Case19.
# 創業不肯花錢
# 倒不如回去打工吧

之前講過愈有錢的人愈是在乎錢，但其實他們也不在乎錢，很矛盾嗎？前面一句是指他們即使有錢都會執著要賺更多錢；後一句卻是指他們在有需要花錢時，一兩個念頭間就能做好決定。可能你會説，他們有錢，當然可以不在乎錢，非也，我敢説白手興家的富豪，就算現在他窮得連買一盒兩餸飯都要想一想的時候，只要有機會，他仍願意把身上僅餘的錢拿去投資在生意上。

用我的學生Janet做一個例子，她第一次來上我的免費公開課，我本來對她沒有太多印象，因為她坐在比較後排的位置，上完課後，班上的學生都走得七七八八，我見她仍坐在座位上，似乎有事想找我，我就上前問一下。

原來她是一位「炒散」的兼職酒店廚房學徒，今天也是

趁沒排班，所以來上課，想看看會否有助她創業。她除了這份兼職，在半年前於IG上開了一間西式甜點店，單見照片甜品造型挺精緻，適合作「散水餅」或者開派對用來打卡。和很多小本經營的人一樣，她正在苦惱客源、流量以及訂單等問題。她自問為了追夢，做了很多投資，不單只做兼職，為了有更多時間起貨，她可以在星期六日到市集擺攤，也花費不少在材料費上，並多次上課進修技術，但明明成品味道不錯，賣相也好，為什麼經營半年還是毫無起色？

## 資源錯配

她一邊說，一邊打開手機相薄，展示她的成品照以及擺攤的照片給我看。我聽畢就問了她一句：「你會不會是把投資都用在錯的地方上？」Janet呆了一呆，不懂回答。

我續說：「的確，你的甜品造型不錯，但你看你的照片，都是用手機拍的，質感看上去一般般。市集的擺設也是沒有『打卡感』。如果你的風格主打是賣相，應該就要投資好一點的相機跟擺盤，這樣子才吸睛。再說，單靠相片，客

人怎麼會知道你的技術有多高？如果可以，或者投資幾千元找美食KOL幫你推動流量，甚至在市集提供試吃。再便宜一點，免費送給親朋好友試吃，讓他們發個好評給你，讓你可以累積一些好評人氣等等。另外，你有下IG廣告嗎？」

Janet消化了一會後答：「有啊，每個月兩百塊左右！」

我差點暈了過去：「我敢說你的不少同行，一天的廣告費都差不多兩百塊了。」

Janet就說：「我當然知道，也知道應該買相機、應該買更好的盤子。而我用的材料也是好材料，每次都辦試食，成本很高。有錢就當然好辦事，但我沒錢呢，萬一這盤生意不成功，我賺錢不成，就虧了！」

## 怕輸難成功

「你這樣想，就已經注定這盤生意十局其九會失敗，你

別看叔叔我現在好像混得還可以，當初我做保險，其實就跟做生意一樣，需要不少成本開銷，但我知道我欠的就只是一點兒資本而已，我問了朋友借了兩萬元，再問銀行借了四萬元，之後努力跑數，最後用了一兩個月就還清，這6萬元也讓我能出席不少能建立人脈的活動，不騙你，之後一、兩年簽下的保單，都是靠這些活動認識的人，或者之後再結識他們的朋友等等，繼而簽下的。試想像，我當初如果怕輸，認為借錢上班、創業這件事很虧，又哪來今天的我？當然，創業沒有人能跟你保證一定成功，但如果你只想穩賺不賠，你應該找份正職，回去打工！」

　　我再指一指她的名牌手袋說：「你不是沒錢，只是不願花在創業上！」

　　現在流行的小本生意，門檻已經非常低，一來網路發達，網上購物，也十分成熟，不一定要開實體舖才能賣貨，如Janet這種賣食物的，辦個食物牌照，再找一些實體寄賣點，加上正確的宣傳及營銷方法，相信已經可以漸漸營運起

來。這些都需要成本，也是必須的成本，世界上沒有一盤生意是一投錢就能馬上回本。

## 投資在刀口上

　　後來Janet也聽我說，投資了一台二手相機，買了幾組漂亮的盤具，也咬咬牙在市集提供試吃，更在試吃袋上貼上IG帳號，同時加大廣告費，也善用時間經營，用了兩個月左右，IG的 follower人數就翻了好幾倍，還開始承接較大筆的訂單。當她再有空來上課時，已經跟我抱怨說一個人做不完訂單，又難以維持IG運營，我就說，這些都是Happy Problem，你應該是時候請人幫你經營IG，待再多點資金後，就可以租個小工作室及招聘助手幫忙製作甜品了！

　　當Janet下意識想抱怨自己哪有錢時，她又把話吞了下去，我想她也開始明白，創業的過程就是這樣，頭幾個月、甚至頭幾年，都是把賺到的錢重新投放在事業上。

　　我們眼中的有錢人，好像花錢不用眨眼般。但我們比

較少著眼在為什麼他們把錢花在這些地方上，由其是白手興家的成功人士或富豪。例如他們用錢請司機，除了方便，還可以把別人用來通勤的時間，都用在車上專注處理工作及瑣事；花錢請秘書，除了方便，還可以把一堆雜務讓人家幫你做，用這些時間花在考量更重要的決定上，或是看一本書來增值自己。他們思維就是，如果用一筆錢，就可以換來個人增值或是事業成長，那就算口袋中只有10元，他們都願意拿出9元來投資。

若你問我，創業失敗的人與成功的人分別在哪，我會說成功的人都會把錢花在刀口上，永遠不會吝嗇在事業和自我增值上。

# Case20.
# 有一種福報叫幾何效應

**老**友 Oscar 的這個親身經歷，對我的人生意義的規劃上起了重大的影響。

Oscar 做銀行業的，銀行業與保險業不同，保險業用團隊制，非常歡迎新人入職，有下線，上線才有分成。但銀行業不同，一間分行，面對的客戶有限，多一個新人，就「多個香爐多隻鬼」，多一個人分薄了客源。所以 Oscar 當初入職時，也沒少受老前輩的白眼，能以禮相待，也算是不錯了。

因緣際會，Oscar被安排跟隨50歲左右的師奶級前輩Janet學習，她的兒女快將大學畢業，也早就置業，算是把人生最大筆的使費都處理好。Oscar暗忖這次沒運行了，對方肯定每天上班刷淘寶，準時就趕下班回家煮飯的那種師奶。結果，這個「師奶」卻成為他的恩師。

## 傾囊相授

Janet可稱得上是保姆級教學，每天都認真的帶Oscar學

習，從簡單的銀行運作，由如何Call客到分析每個金融產品的優劣，以至各種客戶的喜好、特徵，再及至如何快速跑數等非常值錢的好方法，都鉅細無遺地傳授給Oscar。他一開始還半信半疑，疑心重地想，對方是不是故意教錯他，想害他出洋相。但很快就知道是自己小人作祟，在幾次實戰後，Oscar就知道Janet所教的都是正確無誤。很快他就成為新人之中業績最高的一個，甚至跟一些入行已久的前輩叮噹馬頭，不分上下。

Oscar固然十分開心，但同時也很困惑，為什麼Janet會對自己這麼好？不會是…看上自己了吧？我聽到這邊，差點被口中的啤酒嗆到，差點成為香港第一個被啤酒嗆死的人！

Oscar怒嗆我：「你樣子有比我帥嗎？」

他接著分享一段與Janet的對話。

那天他戰戰兢兢來到Janet面前，一邊心想，如果Janet

真是看上他這塊小鮮肉，應該如何是好？她教了自己這麼多，難道真的要以身相許？雖然說關了燈都是一樣，不不不，這哪裡一樣呢？！

Janet看他欲言又止，不耐煩地問他何事。

「我想問，為什麼你肯教我這麼多事情。」

Janet不慌不忙的說：「哈，那你就要多謝30年前的一個老前輩。你別看我現在與世無爭，吃飽就睡，我也曾經年輕，當時我正值20歲，花樣年華，不諳世事，就跳進銀行業這個窮兇極惡的世界。當時我也跟你一樣，什麼也不懂。幸好遇上了這位前輩，他就像我教你一樣，也把他所知所學，完完整整地教給我，當時環境沒現在這麼好，但他肯教，我當然肯學，每天都把他交代的『功課』加班完成，最後僅用兩年時間就成為了分行的Top Sales。

我當時很疑惑為什麼這位前輩要這樣教導我，也有想過

對方是不是看上我了，就提起勇氣問了你同樣的問題，以及我該怎樣報答他，那位前輩雖然當時已經30多歲，但長得像成熟版的姜B（姜濤），如果他真要我以身相許，我也是認了。

結果前輩跟我說，他看得出我願意努力學習，也很想學習，反正錢他一個人也賺不完，倒不如幫助有潛質的人。他說不必報答，只留下一句，如果日後我遇到需要幫助的後輩，就盡力幫助他們，當是回報他吧！他是不是很有型呢？！」

## 無私的傳承

聽畢Oscar所言，我當下其實很震憾，這是現實世界會發生的事嗎？人性真的有如此美好嗎？但後來這一句也被認證了，我在日後的路上，也遇上了幫我寫這本書的序的時景恆先生，以及前文提到的富豪P先生等等，他們都是真心以

對的給我建議。而Oscar今天也同樣幫助起他的後輩們，把自己的經驗以及前輩的教導傳下去。這種傳承，沒有半點血脈關係，卻能以幾何級數地影響著愈來愈多的人。用福報來形容，絕不為過。

　　這也影響到我對於人生目標的想法，讓我在書末的後記中再跟大家分享。

叔叔自創小金句，

　　未必講到什麼大道理，

但確實是叔叔的肺腑之言。

# 第四章：跑數狗的頓悟語錄

# Case21.
# 有美貌沒罪，不認才是罪過

**社** 會有個現象很是奇怪，樣貌平庸的朋友都會大方承認，但有些擁有美貌的美男美女（靚仔靚女），卻多數不願意承認自己，甚至很是抗拒別人提及。若然將他或她們的成就歸功於樣貌、做花瓶，更會顯得非常不高興，不知就裡的還以為在揭其瘡疤。

　　幾年前認識一位英俊90後Terry，與他成了無話不談的好兄弟。他除了年輕，還有美貌，不是開玩笑，絕對媲美香港人氣組合Mirror裡面的俊俏男孩們。在一次從業員聚會上，甚至吸引一位五十多歲的男性富豪主動向他攀談，想向他購買保險，後來甚至力邀他加盟其公司，表示有意栽培他，並說想將部分生意交給他負責，猶如「親生仔」般對待。

　　後來我的工作很忙，少跟Terry見面，但聽其他同行說，富豪帶著Terry周遊列國，為他介紹不少跨國公司高層，令他的事業一帆風順。富豪更以自己經常不在香港為

有美貌沒罪，不認才是罪過

名，將自己的豪宅借給他居住。當下我聽畢心想：「不可能吧，Terry跑『床單』？！」據我所知，Terry喜歡女生，雖然現在單身，但有聽他提及前度女朋友。不過都什麼年代了，可能Terry也喜歡男人呢…

不久後，難得約到Terry，按捺不住好奇心，我開口問：「你和那個富豪…是不是那個了？」結果Terry一拳打在我手臂上，打去我半條人命。「怎麼你也相信這種廢話！還算是兄弟嗎？」Terry狠狠瞪了我一眼。

其他旁觀者，皆多次向Terry表示富豪定然是「大叔的愛」，只是喜歡他的樣貌，但Terry始終認為富豪是肯定他的實力。帶他出埠，是為了讓他了解各地的業務；借豪宅給他住，是剛好一次半次需要一早飛抵外地開會，可為方便他。而他協助富豪的生意增長，也是有目共睹，所以對於別人指他靠樣貌上位，十分反感。

雖然Terry多次強調富豪沒有對他有非份之想，更笑稱

富豪當初找他搭話，是想介紹自己給其表姪女當女婿。事情的真相如何不得而知，但Terry的反應正正就是大多數美男美女的共通點。他們總想別人肯定他們的實力、聰明才智、魄力或Smart，而不是欣賞其美貌。

## 美貌是一張通行證

最有趣的是，他們從來不會承認「美貌」是一種優勢，當然更不會認為所取得的機會，不多不少都與「美貌」掛鈎。但美貌在世界各地就是一張通行證或入場券，這是大多數人不想承認，但又無容置疑的事實。若Terry相貌如同叔叔，一般到不能再一般，當初富豪或許都不會跟他搭訕！

話說回來，Terry這種過度「謙虛」，每每局限他們的成長，以至不可以走到更高層次。過份執著於美貌的結果，正正是「成也蕭何，敗也蕭何」。我也曾培訓過一些美男美女，即使升職為團隊領袖，大多均缺乏能力帶領下線，最主要原因是不懂體察民情。每當下線銷售出現問題，他們總會

以自己經驗為例，怪責下線未能仿效自己的處理手法，但卻是忽略自己的美貌其實不多不少令自己更好辦事，例如同一件事，可能美女同事隨便撒嬌幾句，文件就能快速插隊，樣貌平平的女同事這樣做，大抵只會被嫌是「發花癲」。因而體會不到一般人的處理方式，最終導致團隊分崩離散。

當然，現實也有不少人「恃靚行兇」，利用自己的相貌得到不少甜頭好處，有些人小則欺騙感情，或是在職場上胡作非為，大則更以此看不起其他相貌平庸的人、霸凌其他人等等。叔叔當然不是讚同這些走歪了的做法，再講，青春年華也是有限的資源，沒有真材實料，還是站不住腳。

但美貌本質不是罪，最大罪是不承認，一旦可以放開胸襟，坦承接受，成長的速度甚至會遠超其他人。若沒有這樣的自覺，一直認為別人是認同自己有「實力」，但沒有因此而增值自己，變相也是扼殺了自我的成長空間。

無可否認，社會就是「看臉」的，美男美女絕對有著更

多機會更多優勢。所謂「有風駛盡悝」，有人天生說話能力好，雖然天生大眾臉，也是人緣極佳，美女美男們把美貌視作長處，又有何不可呢？不是人人也可以當花瓶，既然有當花瓶的條件，那就好好利用，再增值自己，栽出更美麗的花吧。

# Case22.
## 最長的路叫捷徑，
## 　最短的捷徑叫大道

你以為的捷徑　　實際上的捷徑

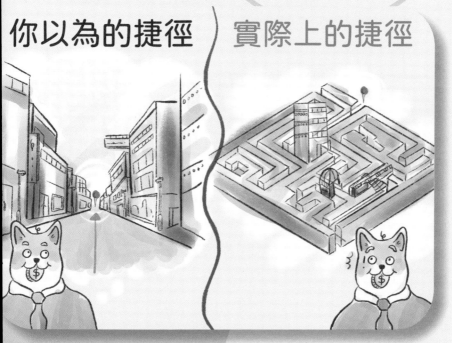

當我剛入保險業時，一天能見愈多的客戶，就代表愈能跑更多的保單。所以，我的行事曆每日都是滿滿的。總是想以最快的方式見完一單接一單。

某次，我安排了兩個相連的會面時間。查看地圖，兩個會面地點的步行距離有點遠，時間有點緊張，所以當天結束首個會面後，就一邊朝著下個會面地點步行過去。地圖顯示只須沿著大街的行車方向前進，二十分鐘左右便可準時到達下個會面地點。但抱著「人等我，不如我等人」的心態，希望可早一點抵達會面場所，留下好印象。就詢問途人，還真有一條捷徑，可節省十分鐘之多，想也不想便提步向著捷徑走去。結果，這條所謂的捷徑，原來是在一群高樓大廈之中的橫街窄巷，還須穿越一個商場。

叔叔可是第一次來到這邊，因此走不到三四分鐘，就迷路了！短短十分鐘的路程，竟也會迷路了。當時走著走著，

完全與途人提示的捷徑不同，也碰不到半個途人可問路。最終，唯有折回起點，還是踏上原本那條大街。到達後，已是遲到整整十五分鐘。雖說途中，也有致電客戶表示要較晚到達，但心裡也是非常不好意思，說起話來也失了信心。更糟糕的是，客戶之後還有其他要事須處理，未能聽完保單的介紹就要走了，也自然沒有簽下什麼。結果，約五、六萬佣金的生意，只好擇日再續。

## 走捷徑付出代價

這次抄捷徑變走遠路的經驗，也只是金錢損失而已。但當天回家，不禁反思，人生路途上若然也抱著走捷徑的心態，可能不只要走更遠的路，付出的代價也不只限於金錢。

拿兒時好友小火龍為例，為了比別人早點成功或者本性好逸惡勞，本來大可以在保險大展鴻圖一番，但最後卻走上賭博之路，用盡自己及家人的名字借錢，最後一家破產，只能做苦力生活還債，除了金錢，還敗去青春、時間，以至家

人信任這些不可逆轉的成本。(想看全文可以到跑數狗的IG一看)。

　　英國文藝復興時期的哲學家 Francis Bacon (法蘭酚斯‧培根) 也曾說過：「人生如同道路，最近的捷徑通常是最壞的路。」不過反過來說，愈是難行又或愈遠的道路，每每也是最快的「捷徑」。若然當日我選擇沿著大街前去下個會面地點，相信當天便已順利簽下保單，賺取豐厚佣金，可以樂乎乎地去玩了。

## 曾國藩「打呆仗」的啟示

　　太平天國作亂時，曾國藩提倡「結硬寨，打呆仗」的作戰方式應對，意思是在城內修起八尺高圍牆及挖掘六尺深壕溝，用以防禦太平軍的侵略。此舉想必會動用大量人力、物力及時間，李鴻章甚至指是「儒緩」，左宗棠也批評為「才短」，總之都是說曾國藩謀略不足，浪費資源及時間。及後

證實，由於太平軍善打快攻，面對高牆深壕，反而顯得一籌莫展，久久未能攻下，也成為日後被曾國藩率領湘軍殲滅的前因，並從歷史舞台上消失。就結果論而言，曾國藩是走了遠路，卻也是最快地解決掉當時清朝的內患。

說白了：「欲速則不達」，以為是走了捷徑嗎？但在不知前路如何，又不懂路途有何隱患下，可能就會變成了一條更遠的路。反而選擇大道，至少是走在自己熟悉的環境，更容易掌握當中的情況，即使發生問題也能作出有效應對，確實或會花費更長時間，卻也大大提高到達終點的機率，豈不是更快的「捷徑」嗎？

最長的路叫捷徑，最短的捷徑叫大道

# *Case23.*
# 有消息就是好消息，
# 沒消息才是最壞消息

**No** news is good news！一切風調雨順，不是很好嗎？但在生意或建立品牌的世界，No news is the worst news！不論好消息還是壞消息，只要有消息都會是好消息。

Chris才三十多歲，已是大型跨國公司亞洲區負責人，靠著投資已坐擁不少物業，身家估計沒過億也相差不遠，靠收租就足夠過人世。換著其他人，早已過著半退休生活，坐上遊輪環遊世界。他卻是個還有著熱情抱負的人，毅然辭掉高薪厚職出來創業。

這正因為他在童年時窮得沒錢買玩具的關係，以前在學校上教育課，可以接觸玩具時，總是高興到不得了。長大後，他對兒童玩具仍有著一份執著，於是創立了一個玩具品牌，製作專供小學生學習的教育類玩具，並雄心壯志地誇下

海口，要將品牌打造成全港學界知名，甚至可成為教育界的龍頭。

品牌創立後，Chris一手一腳設計玩具、親身去工廠監督、規劃宣傳等等，令公司旗下的玩具種類不久後就累積有一定數目，宣傳上有制定針對小學的教育活動、教師培訓，以至學生工作坊等，配套看似一應俱全，但可能因為Chris原本就不是在教育界打滾，甚至對小學課程內容的理解，也只是從幾位資深小學老師身上取經學習，未必太能命中學校的需求。開業半年，Chris和銷售團隊跑遍各大學校，始終是丁點兒消息也沒有。即使再花錢做更多宣傳、促銷活動，都牽不起一點點浪花。

## 寧願被客人罵

我以前從事保險時，也經常會遇到這類情況，明明是為客戶度身訂造，擬好合適的計劃，就是遲遲沒有得到什麼回音，令人沮喪不已，還會懷疑自己是有什麼地方做得不好嗎？是計劃有錯嗎？是客戶已光顧其他人了嗎？但又不想催

促，怕惹人厭，只好鑽牛角尖，胡思亂想一番。

反而，若收到客人的電話，把我做的計劃鬧個狗血淋頭，這或許還是件好事情，至少能夠知道問題出在哪裡，就算生意沒了，也算是上了一課。再退一步來說，客戶至少還是記得我吧，若然記憶或印象都沒有了，想再補救也沒可能。

回說Chris的故事，營運教育類玩具也是同樣道理，Sales們帶回來的也只是：「試作品及簡介都放下了，對方說會再聯絡。」等等的說話。Chris變得愈來愈焦燥不安，卻又不知如何是好。

## 將壞消息逆轉

直到某日，Chris看到某報章出了篇報道，實測了來自不少品牌的玩具，他公司的一款玩具就被指存在危險性，雖然不太嚴重，只是玩具的某條膠邊若果用力不當，就有可能會割損皮膚。這個壞消息頓時令Sales們叫苦連天，還未發

市，反被指產品有問題。

但Chris異常淡定，眼神中甚至露出一點光芒，像是看到生機：「這不就表示有人注意到我們品牌的玩具嗎？！」於是，Chris先在社交平台上發出致歉聲明，再主動聯絡之前收過試用的學校作出致歉並進行更換，並提出願意支持某些活動資助，以表誠意。最後還邀請該篇報道作者，重新為已改善的玩具進行測試。一波操作下來，引起不少學校校長的關注，儘責的表現更是深埋在校長們心中。須明白若然有學生在學校出現任何損傷，作為校長是責無旁貸，甚至會對學校產生負面影響。Chris對有問題的玩具的處理方式以至著緊程度，正中靶心，讓學校都能放心合作及供同學使用他們的教學玩具。經此一役，Chris公司的品牌形象也被大大提升，知名度也是穩步上升，生意的大門終於打開，雖然離業界龍頭還有一段距離，但總算有個好開始。

做生意或建立品牌就是如此，一旦市場完全沒有什麼人提起，還真的是一個最壞的消息，因為根本不知道如何部

155

署接下來的計劃，亦不知道如何改善。反之，即使是一些壞消息出現，其實也是「好」消息，至少可以知道下一步的走向，能夠有所應對。況且「有危就有機」，將壞消息處理得當，還可以創造有利契機，帶來更長遠發展。

# Case24.
## 最浪費心神的事，
## 叫怨恨無能的人

**不**是吧？寫書叫人原諒無能的人？

對的，無能的人，不代表他沒有心做事，只是能力、學識不足而已。怨他也沒用，叫他改進或告訴他怎麼改，能聽得進耳的，倒是能讓人稍微氣消。

那不該原諒誰？就是哪些高高在上，以為你無能，什麼都不懂，就可以把你欺壓一番的人。

前文提過，我拜會一對老夫婦後，便嘗試讓自己慢下來，好好思考，好好生活。所以我之前試過有兩年完全休息，除了一些恆常手續、幫客人跟進一下保費這些固定作業外，我都沒有再「跑數」，也沒有開發新的客戶，靠吃老本過活。但單身漢一名，使費不多，尚能過活，還可間中旅行，遊歷一番。

## 新手創業夢

　　森記有日打來，問我要不要跟他去一趟越南。森記是我透過客戶認識的朋友，做工業製品起家的，不愁吃穿，後來娶了個設計師老婆，她想要出品自家設計的衣服，森記這個二十四孝老公，隨即打本給老婆做生意。是次去越南就是想與那邊的製衣廠簽約，試行製造第一批成品，親身監督一下。他知我難得閒來無事，就邀我一起過去，還打趣說幫我找個越南新娘。我說越南新娘就免啦，語言不通，我還是喜歡港女多點，同聲同氣嘛！但和他們去一趟當見識一下倒是可以。

　　我問森記為何會選擇越南的廠房，他說也是行家介紹，自己只曾從事工業製品，而製衣完全是兩碼子的事，聽說這間廠還會幫忙設計及擁有海外營銷的通路，所以就試一試，當作來旅行也好。

　　甫下機，就馬上前往廠房與製衣廠老闆見面，森記連翻譯也為愛妻備好，一來一往，聽得我頭昏腦脹。不過看起來

老闆為人客氣，說起流程上來，有板有眼，亦說明白設計與成品之間，一定需要多番修改才能成事，叫森記夫婦放心，他們經驗十足。不消一小時，森記爽快簽約，並支付一半訂金，並額外多付一筆錢，聘請他們的一個設計師，幫忙對接、修改設計、定稿及協助選購物料等等。

回到酒店，森嫂便把幾個畫好的草稿發到製衣廠那邊，接下來的兩三天，森嫂除了偶爾用電郵跟進一下設計，盡是遊山玩水，不亦樂乎。

隔天再回到製衣廠看看半成品，森嫂興奮得馬上小步快跑到設計師所在的辦公室，森記和我則慢慢走到辦公室外等候。不到5分鐘，森嫂垂頭喪氣地走出來，漲紅了臉，有口難言的樣子。

森記大吃一驚，馬上上前詢問何事。一看設計師印好的半成品，不止把她原本的設計改得一塌糊塗，體無完膚，更連在電郵中標示清楚的顏色都搞錯，想要印下的英文字也因

串錯一個字母，變成不堪入目的英文字，我這個行外人看來也是錯得離譜。但今天沒有帶翻譯前來，雞同鴨講下，難怪森嫂剛才氣急敗壞，鬧著要森記叫老闆退掉設計師的錢，她說倒不如靠自己從頭做起。

## 製衣廠老闆收錢後變臉

見愛妻氣急敗壞，森記第二天帶同翻譯，約同老闆談論。經過翻譯一番溝通，老闆蹺起雙手，神態自若，翻譯卻忽然不語，森記夫婦著急地查問溝通得如何。

翻譯面有難色，說老闆指森嫂的設計太抽象，不像一般承接開的設計，牽涉要做刺繡，比較難做，故設計師才會如此改動，還遊說森嫂不如更換另外一個設計，或者另外找人再做好定稿重發過來。

至於顏色，他解釋森嫂指定的顏色在製衣業來說一向很難造，可能森嫂不夠經驗，不知道行規，所以已經盡力尋找差不多的顏色；而錯字，老闆則說很容易更改，並且一向都

是定稿前再確認，小事一則而已，沒什麼大不了。總之，有什麼要改可跟他們說，會盡力修改。

　　森嫂聽畢老闆滿口胡言，加上他不屑的神情，隨即更加生氣，憤怒到快哭出來的樣子。我聽畢雖然明白現在只是半成品，還可以修改，但覺得這個老闆錢收了一半後，面色就全變了，把責任推得一乾二淨。看來翻譯剛才還是把老闆的話已經潤飾一番，才敢說出口。

　　森記也是氣得七孔噴煙似的，連珠爆發，指責老闆推卸責任，每句話都比粗口更難聽。他自己都是從事工業品出身，雖然未接觸過製衣行業，但不代表沒有常識！

　　再經過一番溝通，老闆兩手一攤，聳聳肩，依然無動於衷，相反在一旁的設計師連番向我們低頭用有限英文說著 Sorry 的，又向翻譯很是著急地講了一堆話。翻譯看向我們，交代老闆說的話：「我們這邊是製衣廠，不是你的私人遊樂場，我們有我們的行規，有自己的做法，不是你付了錢

就是你說了算。」而設計師則是連番道歉，指可能是自己英文不夠好，理解錯誤，造成今次的失誤，希望森記二人可以給她機會再修正。

我在一旁也看得咬牙切齒，其實整件事也不是什麼大問題，有錯就改即可，問題是老闆收完錢就翻臉，客人提出問題，左一句「行規」，右一句「你們沒經驗，你們不懂」，的確句句比粗口難聽，我甚至覺得他有意迫逼森記夫婦反枱走人，那一半訂金他就袋袋平安。

## 冷靜不中計

森記當然也不笨，他叫翻譯跟設計師說會再給予她機會，回港後會再聯絡她，之後頭也不回，就帶著森嫂離去。

回到香港，經過幾番來回交涉，森嫂再自學更多製衣相關的知識，出口成文，不再讓對方有機可乘。而那名設計師的確說到做到，跟得很足。最後收到的成品雖然沒100分，也算有80分，當然想想也知道，當初老闆所承諾會協助海外

營銷等等，也是馬虎了事，做做樣子而已。幸好森嫂算是蠻有商業頭腦，這批小實驗品也算是賣得不錯，總算圓夢。

　　我也明白森記的做法，除了不想把訂金白白蝕給老闆外，也明白到問題出自老闆身上，而不是設計師身上，設計師也許是經驗不足、語言不通，才搞出「大頭佛」，雖然的確也錯得離譜，但至少有心改正，亦感內疚。反而是老闆，可能一來看著我們是香港人，視我們是水魚(易騙的人)；二來更是以為我們沒有常識，就用高高在上的製衣大王身份向我們訓話似的；第三，更是不懂得待客之道，更不懂得檢討，同樣非常短視。

　　後來，愛妻如命的森記，動用他在中港兩地的業界人脈，把今次這件事「宣傳」開去，深信製衣老闆沒有想過森記的影響力如此之大，亦沒有想過「業力」的種子這麼快就發芽結果，聽說不久後遇上疫情，其製衣廠似乎站不住腳，倒了！

最浪費心神的事，叫怨恨無能的人

# Case25.
# 最易做的事情，
# 偏偏是最難做的

**很**多學生問我，到底要如何創業、如何才能成功、如何才可以變有錢。我都會先問：「你做了什麼去實現以上的事？」

創業很需要的兩件事，就是持之以恆及有解難的心，另外就是把最簡單的事，每天重複做。以IG Shop為例，要受眾不會忘記你、持續有曝光量，最簡單的方法就是每天出Story，隔兩三天出Post。聽起來很簡單，不就拍拍照或是Post產品，不然就是發一下好評等等。但很多人就是難以做到，持續努力做了一個月，見到沒多大成效，熱情就開始退去，更新的密度就愈來愈疏，最後慢慢變成「死帳」，就自顧自的宣告「創業失敗」。

但反觀上班，每天6點起床，7點出門，8點到公司再加班到7點，日復一日，這件事聽起來更累人吧，但為什麼大

部分人還是能做得到，甚至做到退休？顯而易見，就是因為有錢，你需要這筆錢才能維持生活，買到想買的東西，沒錢就沒人生可言。所以人通常都需要一個強烈的動機才能持續進行同一件事，又或是預見到自己的付出必然有回報，才能夠持之以恆。

## 創業是不確定的過程

而創業是一個充滿不確定性的過程，這一點大家也早已知道，既然如此，我們又怎能期待，這些不確定性在短時間內就能為我們帶來利潤呢？因此創業的人，需要明確自己的目標和使命，並不斷地努力實現它們。他們需要專注於解決問題和創造價值，而不是過分關注潛在的利潤，愈著眼短期的利潤，你距離真正的成功就愈遠。

再用IG Shop的例子，如果努力了好一陣子，但沒有太大起色，這時候你應該做的事是檢討，而不是放棄，為什麼沒有成效？是因為內容不夠吸引？設計有問題？還是需要投資點廣告費，先帶動流量？抑或是需要先用吸睛的標題引起

注意？改進過後，再重複做，再檢討，再改進。這個過程聽起來也是再簡單不過，但不少人聽起來就覺得累人，又在這時候放棄，回去打幾年工，又不甘願餘生只能領死薪水，又想試再次創業，不斷輪迴。

　　我敢講讓我們成功的大道理，早在大家讀小學時候已經教過。「有恆心」、「不怕失敗」、「勇敢嘗試」及「謙卑」等等，常常出現在我們從小就聽到的名人故事，又或是歷史書當中，這些都是真真切切發生過的事，不是為了教育我們而作出來的事。但很多人只看得見他們的成功，羨慕他們的錢財，卻沒有認真思考過他們成功的原因。人類本性就會只看帶光輝的事，而自動忽略了這些成功人士在達到成功之前，捱過多少苦、失敗過多少次。知易行難，但真的有這麼難嗎？大膽擁抱不確定性，並享受這個過程，就當是坐過山車，在驚險的旅途中，充滿起伏，但不變的是，包圍著住你的，總是在高處才能看到的風景。

最易做的事情，偏偏是最難做的

# Case26.
# 叫暫時的最永久
# 　最永久的叫暫時

兩年前 〉〉 兩年後

呢個office我地「暫時」用住先！好快換！

呢個office其實都唔差啊 哈哈…

-OK!

**依**我而言,人人都是跑數狗。這並非貶低大家是狗,只因異常類同地,大家一生也為著不同目標而努力。最表象是跑數、跑錶、跑車、跑名牌等,跑至某個程度,便跑家庭、跑成就、跑滿足感,最終必然是跑幸福感。一旦喪失該等目標,便形同沒有靈魂的空殼。

出社會工作後,每每有人跟你說:「情況只會是暫時的!」又或「暫時幫一幫手,捱落去!」頗多時候這類「暫時」其實就等於「永久」。

曾有後輩分享,他的上線幾年前鼓勵團隊眾人一起出錢合租辦公室,當時大家都認同有辦公室既穩定也方便工作,便一股熱血地一起分擔租金。上線還信誓旦旦指有熟人可介紹「筍盤」,更滿臉笑言聲稱該樓盤十分抵租,但一打開門,裝修很舊,帶著泛黃的牆紙,整體殘破不堪。這時上線還不忘補上句:「這辦公室,我們只會『暫時』租用,過一排賺到錢便會換掉!」結果,過了這幾年,辦公室依然是同

叫暫時的最永久 最永久的叫暫時

一個辦公室，泛黃的地方多了一陣霉味，上線也依然表示，現在租辦公室很貴，這個樓盤真好沒加租，選擇果然沒錯。眾同事無言而對。

而我猶記得入行時一件事，當時的District Director對我們說：「暫定星期一至五朝早回公司進行短會，幫助你們熟習工作，也方便做評估，待你們出師有成，便無須再天天回公司」。結果，這個「暫時」也是一個「永久」。因為上線總會認為，若然下線沒有回公司的習慣，就會鬆懈懶散，又或會試圖從事兼職以增加收入，最後或會感覺保險不是那麼有前途，最終變得沒有人為其跑數。所以這些所謂的「暫時」，其實也只是讓人聽來感覺較舒服、易接受的一種「永久」。

## 人生的「永久」都是「暫時」

宏觀而言，人生中的「永久」反而都是「暫時」。當初我真心認為自己會做保險做一輩子，「永久」不會離開當

時就職的保險公司，結果今天不單轉了軌道，這幾年的變化更可謂非常之大。事實上，包括：永久保證、恒久不變、永遠愛你、一世好兄弟，這類「永久」都會很悲情地只是「暫時」。舉例：與愛情相關的悲歡離合故事，相信各位也聽過不少，熱戀時的確愛得轟轟烈烈，分離時卻可以乾脆灑脫；不少當初滿懷情感的友誼，短暫交集人生路上，最後也變成「得閒飲茶」泛泛之交。當時的愛情及友情絕對並非虛假，亦不存在欺騙成份，只是我們都高估了自己，沒有想過感情總是會很快地燃燒殆盡。

　　人生的走走停停及軌跡轉變，都是隨著成長而不知不覺地形成，無分對錯，只是面對不同選擇所作出的不同決定，而經歷的不同也成就出今天的自己。「叫暫時的最永久，最永久的叫暫時」雖然略帶諷刺，但只須凡事看開、放開執著，以無悔態度做好每件事，是「永久」還是「暫時」可能都不太重要了。

叫暫時的最永久　最永久的叫暫時

# 後記
## 跑數狗看(自己的)世界

從去年九月在開始的跑數狗IG專頁，未夠一年，這本書也快將要誕生了。大家看完一大堆奇聞異事，都是我在這些年間的見聞。但寫到一大半時我心想，我反而好像沒有分享過自己的世界。不是不想分享，而是當你每天都見著大量的人和事，就變得沒有時間去檢視自己的世界。

雖然不少狗仔粉都會覺得我現在已經算是成功了。但如果依照我的人生目標來算，離「成功」二字可說是半碼子也扯不上。再講，我的創業路上真的經過無數次的失敗，經歷不少懷疑人生的時刻。試過在茶餐廳隨便解決晚餐時，碰見一對愛侶，男的像是在吐苦水，女的就不停安慰，希望愛人振作再努力。回看自己孤身一人，毒撚一個，不禁在想為何要搞創業搞得這麼辛苦？這麼大壓力？為什麼不好好打工、拍拖，再成家立室算了？就連與母親吃飯，她都懷疑我是否有飽飯吃，不時

跑數狗看〈自己的〉世界

把報紙上招聘保安的廣告拍下來，連同早安長輩圖一併傳來，希望她的兒子可以安安定定找份工作。

## 不想過別人期許的人生

　　但認真來說，這些年間的人生經歷，包括患上「不死癌症」、被伙伴背叛、生意失敗，以及曾遇到的各個恩師，見識到的萬千世界和閱讀過的無數本書刊，我在休養身體的兩年間，意識到自己對於創業一事有無窮無盡欲望，我不想自己停下來，亦不想過別人期許我過的人生，我希望自己繼續。

　　「倒模人生」一文中，我想補充的是，不少人一定像表妹般，追尋著某個認識的「Sandy」的人生。但不少人倒是窮其一生，以為自己在過著自己想要的人生：有車代表成功，我就要買，說服自己喜歡；有樓代表成功，我就要買，供到死去活來。當然以上只是例子，並不是質疑大家的需要，只是我希望你都能過著你真正想要的人生而已。

　　而在「有一種福報叫幾何效應」一文中，師奶前輩Janet
的傳承也影響我很多，令我想起自己也是受過不少人的幫助，
因此我的人生目標，就是希望在50歲時能夠成立一間NGO，幫
助跟我一樣，想創業、想向上流，但苦無資本及空間的窮小子
們。坦白說，在我出生的年代，我認為仍存在讓屋邨仔上位的
機會，但就我觀察，這些機會已經愈來愈少。所以我真心想略
盡綿力，不求改變世界，只求把前人的幾何效應延續下去。

跑數狗看〈自己的〉世界

175

# 火柴頭工作室
## MATCH MEDIA Ltd.

## 匯聚光芒，燃點夢想！

### 《跑數狗的跑數日常》

| | |
|---|---|
| 系列 | ：工商管理、潮流文化 |
| 作者 | ：跑數狗 |
| 出版人 | ：Raymond |
| 責任編輯 | ：Matthew |
| 封面設計 | ：史迪 |
| 內文設計 | ：Andy |
| 插圖 | ：Momo Leung |
| 出版 | ：火柴頭工作室有限公司 Match Media Ltd. |
| 電郵 | ：info@matchmediahk.com |
| 發行 | ：泛華發行代理有限公司 |
| | 九龍將軍澳工業邨駿昌街7號 2 樓 |
| 承印 | ：新藝域印刷製作有限公司 |
| | 香港柴灣吉勝街45號勝景工業大廈4字樓A室 |
| 出版日期 | ：2023年7月初版 |
| 定價 | ：HK$138 |
| 國際書號 | ：978-988-76942-0-5 |
| 建議上架 | ：工商管理、潮流文化 |